绘认植物

第一课

孙英宝 编著

中国林業出版社
CFPH China Forestry Publishing House

没有植物，人类再也不是地球上的了！

它们不只是我们食物及氧气的源泉，更是我们与自然的纽带。

用科普与美学的方式去认知和解析植物

植物，是自然生物中最重要的成员，它们种类繁多，复杂多样，是人类与诸多生物赖以生存所必须的能量来源，也是人类历史文化发展的源泉。我们的衣、食、住、行，以及所呼吸的新鲜空气，都与植物紧密相连。从古到今，人类对植物的研究、开发与利用从未间断。其中第一步就是对植物的认知。

植物科学绘画是科学与艺术相结合的一种直观性语言表达，以植物作为描绘的对象，运用绘画技法，把植物科学、客观、艺术而真实地表现。所绘出的内容，既具有严格的科学性，又具有较强的艺术性。它的第一要求就是科学准确。我们不仅可以用科学绘画准确地鉴定植物，还可以科学、客观、艺术地展示和了解植物，同时发现植物的科学之美，从而达到科普美育的效果。本书用科学绘画的方式来传递认识植物的最基础的知识，旨在用科普与美学的方式去引导读者认知植物。

植物主要由营养器官和繁殖器官组成，其中营养器官是根、茎、叶，繁殖器官是花、果实和种子。另外，还有一套辅助植物生长与自我保护的毛和刺。这些结构形态多样，特征复杂，在植物的生长过程中，每个器官结构都拥有独特的功能和作用。

根据植物科普、自然教育和科普美育健康发展的需求，结合从事27年的植物形态学研究、学习、解剖与科学绘画的工作经验，我把开花植物不同的叶、花、果实和种子的形态，进行研究与整理之后，用科学绘画的形式绘制，并配以相应的文字，图文并茂加以呈现。其中，植物叶的内容介绍了一般发育成熟叶的组成结构，包含正常叶和不正常叶的特征；叶的大小与形状；叶序；叶的种类（单叶、复叶）；叶脉，叶脉与叶缘锯齿的关系；变态叶。植物花的内容介绍了花的形态结构；花序（无限花序、有限花序）；特殊的花；传粉（自花传粉、异花传粉）；传粉媒介。植物果的内容介绍了果的形成与结构（真果、假果）；果的类型[单果、肉质果、聚合果、聚花果（复果）、蔷薇果]；种子；种子的类型；果实与种子的传播机制；特殊的球果。本书中的文字与科学绘画，除了整理与总结研究多年的植物科学绘画授课与已出版的著作内容，还参考学习了《中国高等植物（第一卷）》《图解植物学词典》《植物生物学》《植物学》等著作。希望读者能系统地了解植物，以及如何画好它们。

本书在内容的审核过程中，得到刘冰博士、林秦文博士的支持与帮助，在此深表感谢。本书的出版得到了中国林业出版社印芳老师的约稿，她为本书内容付出了很多的辛劳，在此表示深切谢意。还要感谢中国林业出版社肖静老师、王思明老师、蔡波妮老师、王朝老师的支持与帮助。

本书适用于植物形态学的研究、教学、科普、学习、绘画，以及自然教育领域。适合喜爱和从事植物学研究、科学普及、艺术绘画的人士。希望大家读完这本书，能感受科学与艺术相结合的植物之美，从而热爱植物，保护植物，合理地利用植物，最终受益我们自身。同时，也倡导大家用科学艺术的眼光去发现植物之美，用科普与美学的方式去认知与解析植物之美。

由于本人才疏学浅，书中所呈现的部分内容还有待进一步研究，不足之处请各位读者不吝批评和指教。

孙英宝

2023年5月8日

目录

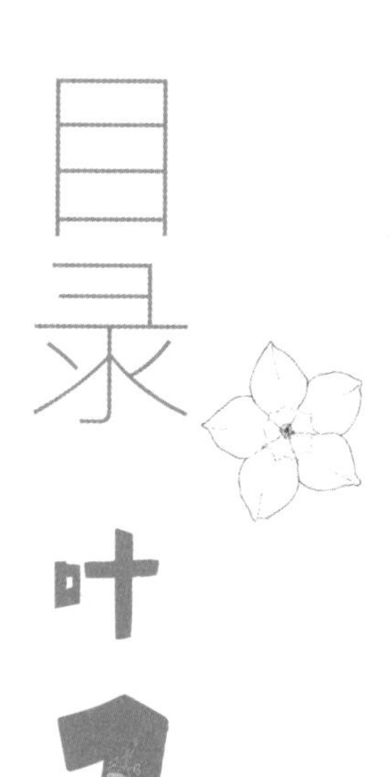

叶 1

花与花序 2

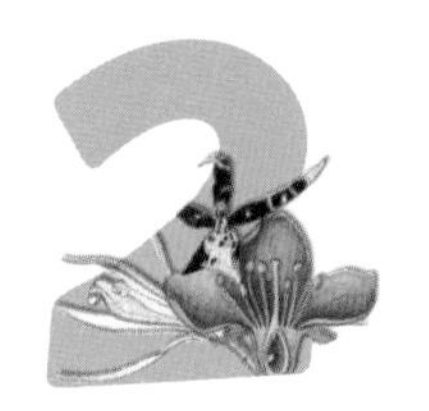

果与种子

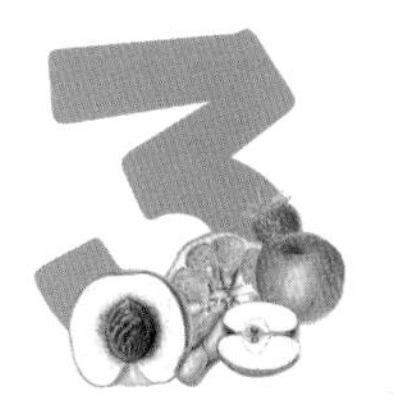

第一课

认物绘植

叶

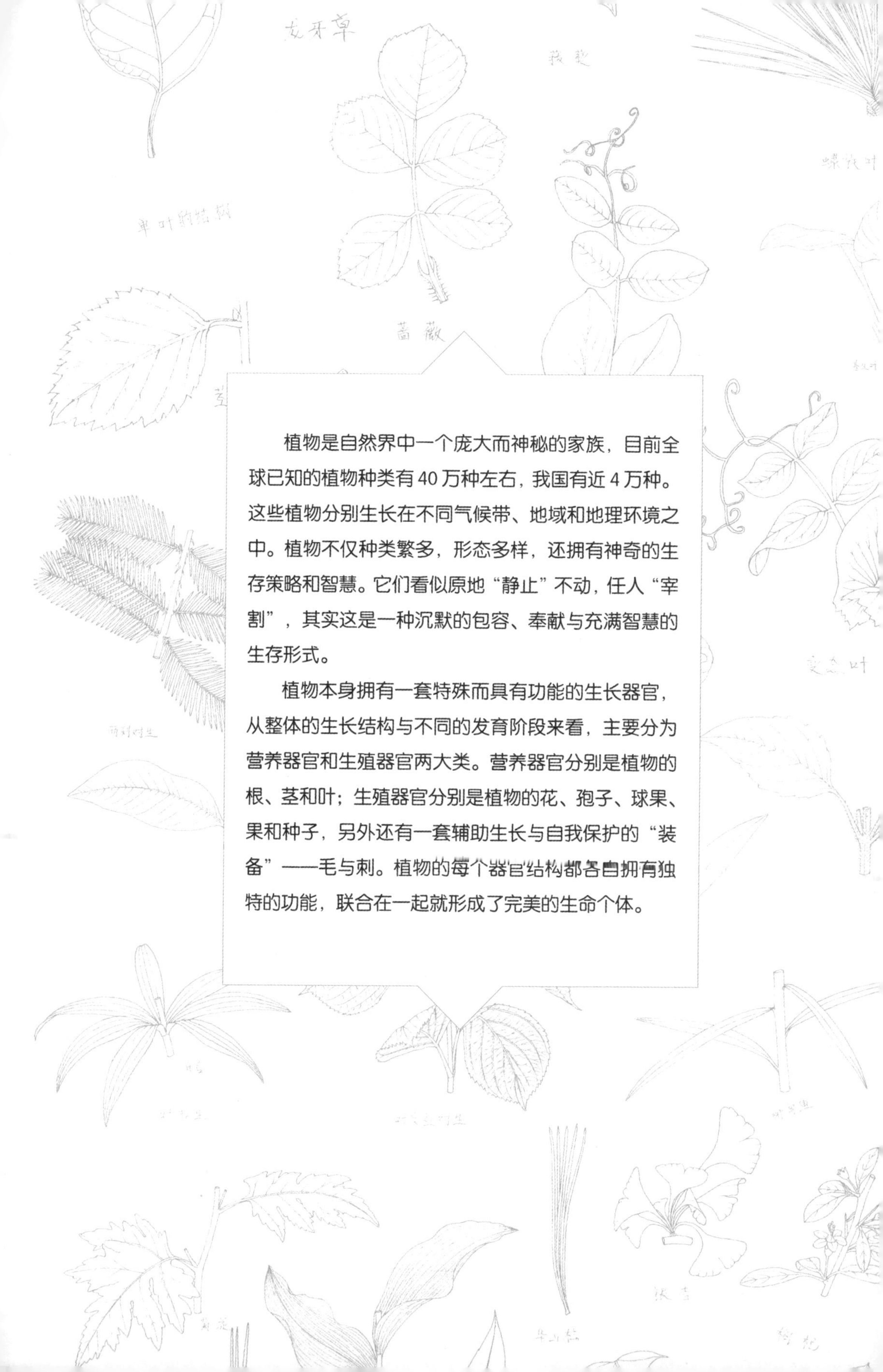

植物是自然界中一个庞大而神秘的家族，目前全球已知的植物种类有40万种左右，我国有近4万种。这些植物分别生长在不同气候带、地域和地理环境之中。植物不仅种类繁多，形态多样，还拥有神奇的生存策略和智慧。它们看似原地“静止”不动，任人“宰割”，其实这是一种沉默的包容、奉献与充满智慧的生存形式。

植物本身拥有一套特殊而具有功能的生长器官，从整体的生长结构与不同的发育阶段来看，主要分为营养器官和生殖器官两大类。营养器官分别是植物的根、茎和叶；生殖器官分别是植物的花、孢子、球果、果和种子，另外还有一套辅助生长与自我保护的“装备”——毛与刺。植物的每个器官结构都各自拥有独特的功能，联合在一起就形成了完美的生命个体。

植物的
叶
羽状全裂
羽状深裂
浅裂
深裂
全裂

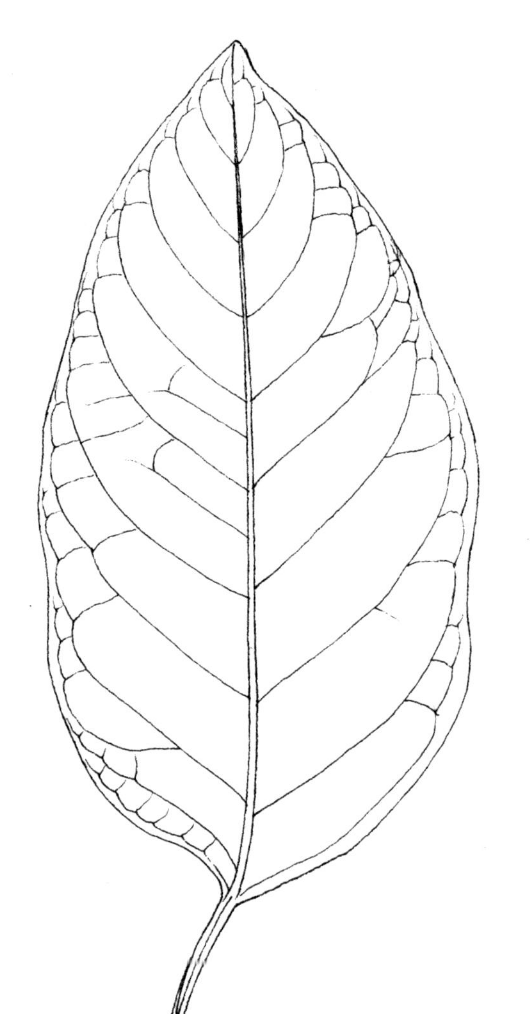

01 叶的组成结构

一般植物发育成熟的叶，主要由托叶、叶柄、叶片（表皮、叶肉和叶脉）组成。其中，托叶是叶柄基部的附属物，一般很小，大部分会在早期就已经脱落，也有一些植物一直保留，但托叶的形状和大小会随不同的植物而有所变化。例如豌豆的托叶较大，像叶的形状；梨的托叶是线状；蓼科植物的托叶是鞘状等等。具有托叶、叶柄和叶片三部分的称为完全叶，例如蔷薇科的月季、李和草莓等；如果没有托叶，仅具有叶柄和叶片，或仅具有叶片的称为不完全叶，其中，没有托叶的比较普遍，例如油菜、丁香等；没有叶柄的也有，如荠菜、莴苣等。

叶柄是叶生长在茎（或枝）上的连接部分，主要功能是输导和支持作用，其形状多样，有叶状、鳞片状、鞘状或刺状。单子叶植物中禾本科等植物的叶外形呈扁平的带状，没有叶柄，只能区分为叶鞘和叶片两部分。其中叶鞘部分包围着茎，可以保护茎上的幼芽和居间分生组织，同时，也可以增强茎的机械支持力。在叶片和叶鞘相交的内侧经常会有小的膜状突起物，被称为叶舌，具有防止异物和雨水进入叶鞘内部的作用。在叶舌的两侧，有两片由叶片基部的边缘伸出来的耳状突起，被称为叶耳。叶舌与叶耳的形状、大小、色泽和有无，是鉴别禾本科植物的重要依据。

02 叶的种类

叶的种类主要分为单叶和复叶两大类。

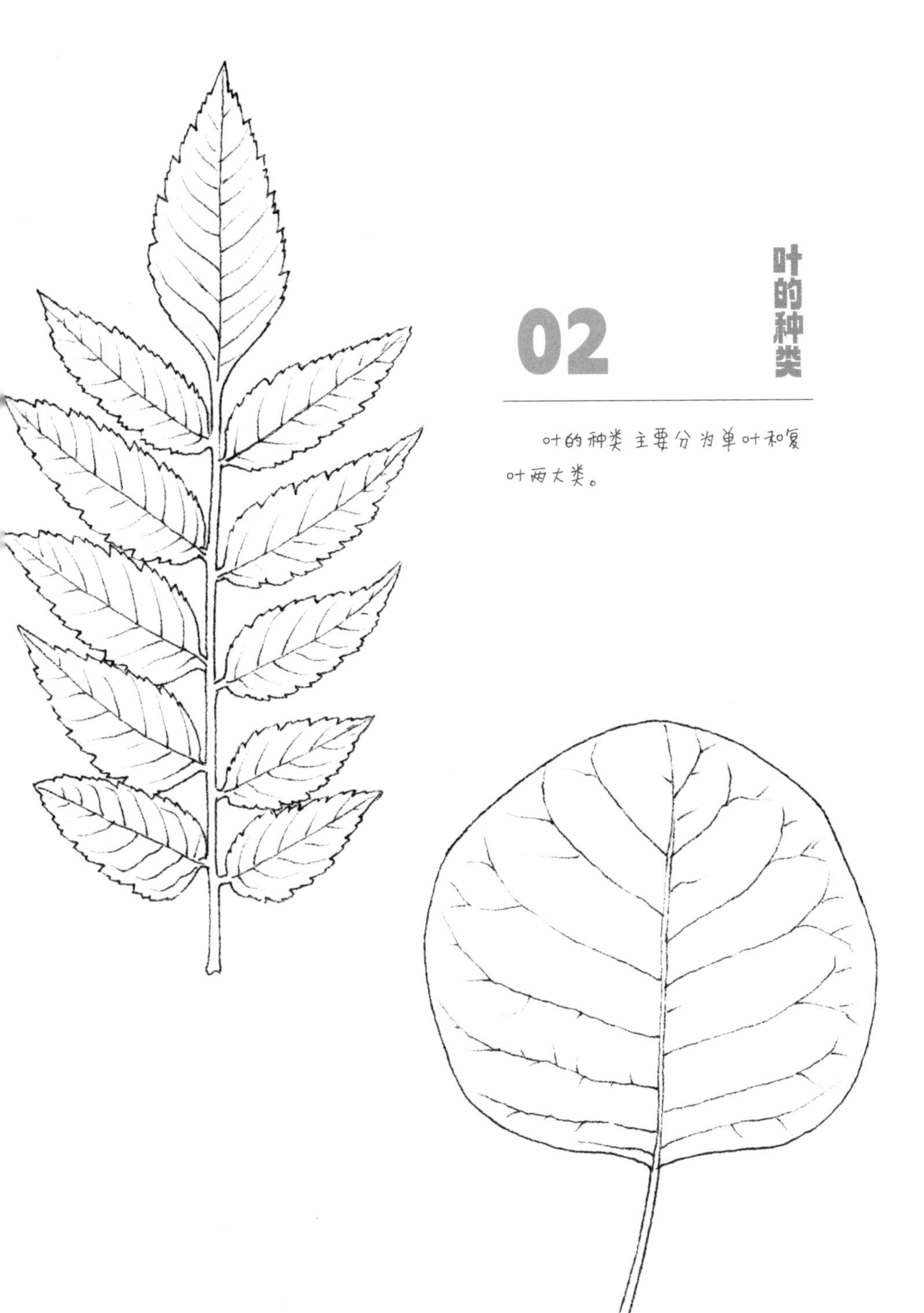

单叶

单叶是指每一个茎枝节上只生长一枚叶片。常见的多种形态类型如下：

针形：叶细长，顶尖锐如针，横切面三角形或者菱形，如松树的针叶。

条形（线形）：叶狭长而窄，长度是宽度的5倍以上，而且从叶基到叶尖的宽度几乎相等，两侧边缘接近平行，如韭菜的叶。

披针形：长度是宽度的4～5倍，中部以下最宽，上下两端逐渐狭窄；若中部以上最宽、中部到基部逐渐变窄的为倒披针形，如桃、柳的叶。

镰刀形：叶狭长弯曲，犹如镰刀的形状。

矩圆形（长圆形）：叶的长度是宽度的3～4倍，两侧边缘接近平行。

椭圆形：长度是宽度的3～4倍，两侧的边缘呈弧形，顶端和基部的宽度略相等。

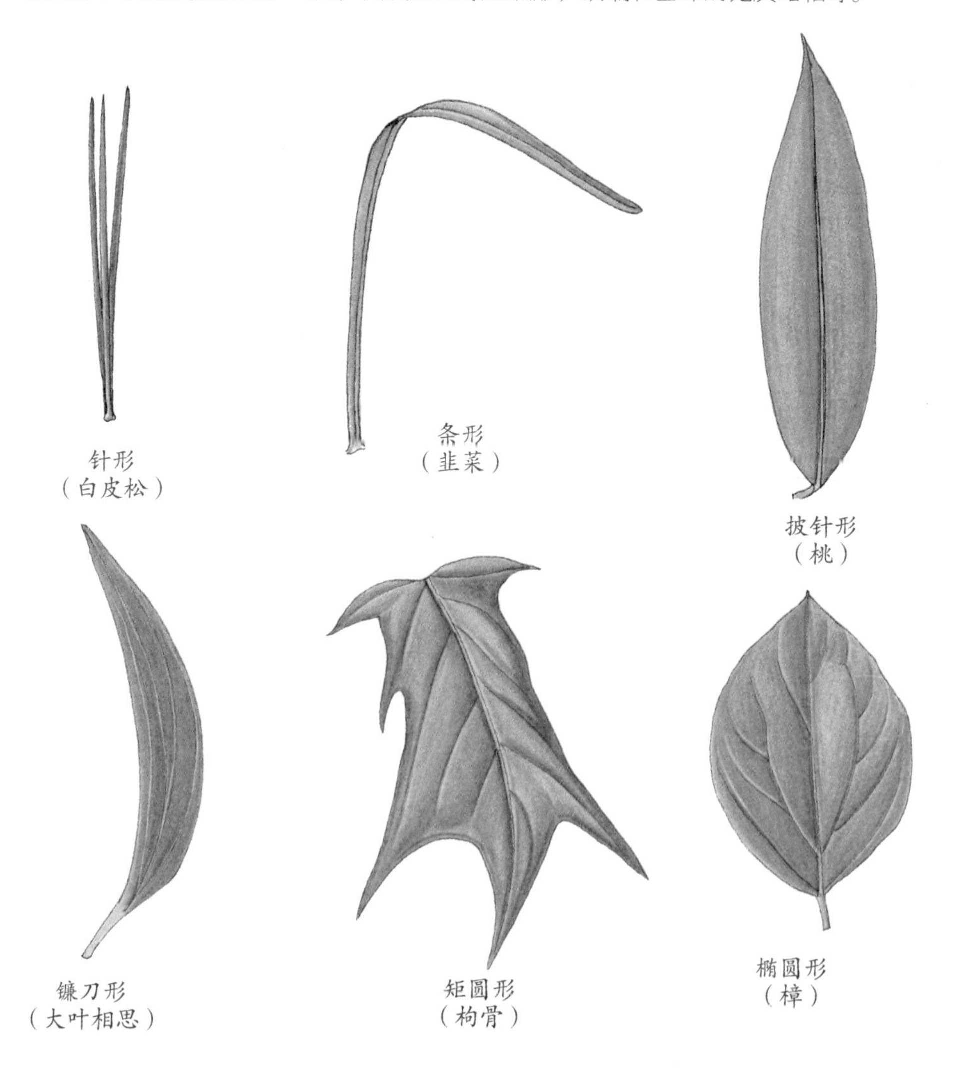

针形（白皮松）

条形（韭菜）

披针形（桃）

镰刀形（大叶相思）

矩圆形（枸骨）

椭圆形（樟）

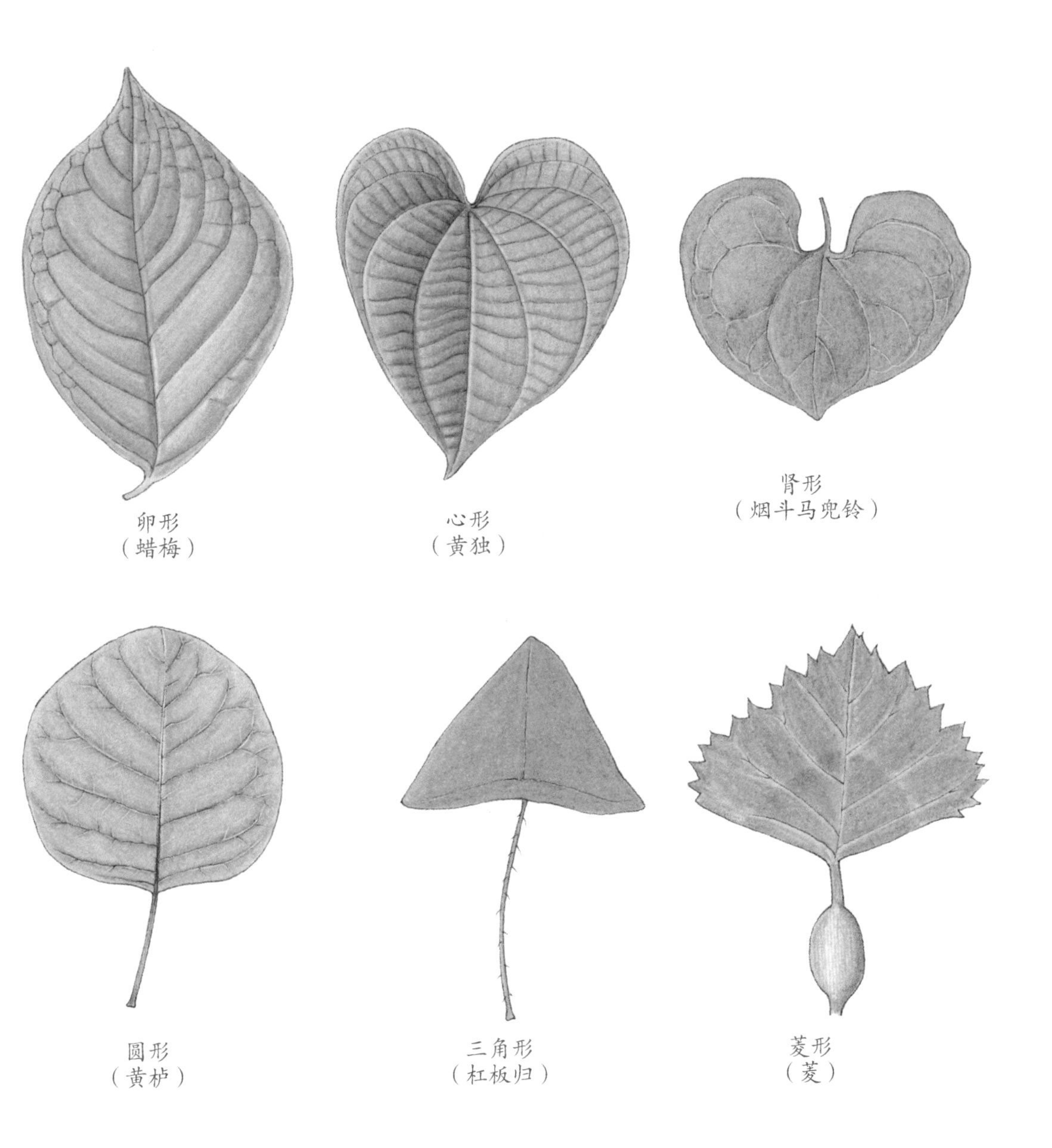

卵形：叶的形状像鸡蛋。若中部以上最宽，向下渐狭，则为倒卵形。

心形：叶长度与宽度的比例接近卵形，但基部宽圆、有凹缺；顶端宽圆、有凹缺的叫倒心形。

肾形：叶的横径较长，犹如肾的形状。

圆形：叶的形状就像一个圆盘。

三角形：叶的三个边缘的长度接近相等。

菱形：叶的外形接近等边的斜方形。

楔形：叶的上部宽，两侧则向下呈直线逐渐变狭窄。
匙形：叶的全形较狭长，顶端宽而圆，逐渐向下变狭窄，形状像汤匙。
扇形：叶的顶端宽圆，两侧向下逐渐变狭窄，像扇面一样。
提琴形：叶片似卵形或椭圆形，两侧明显内凹，把叶片分成了上下两部分。
钻形：长而细狭的、大部分带革质的叶片，从基部到顶端渐变细瘦而顶端尖。
剑形：叶的形状呈长条形，通常厚而强壮，有尖锐的叶尖，就像剑的形状。

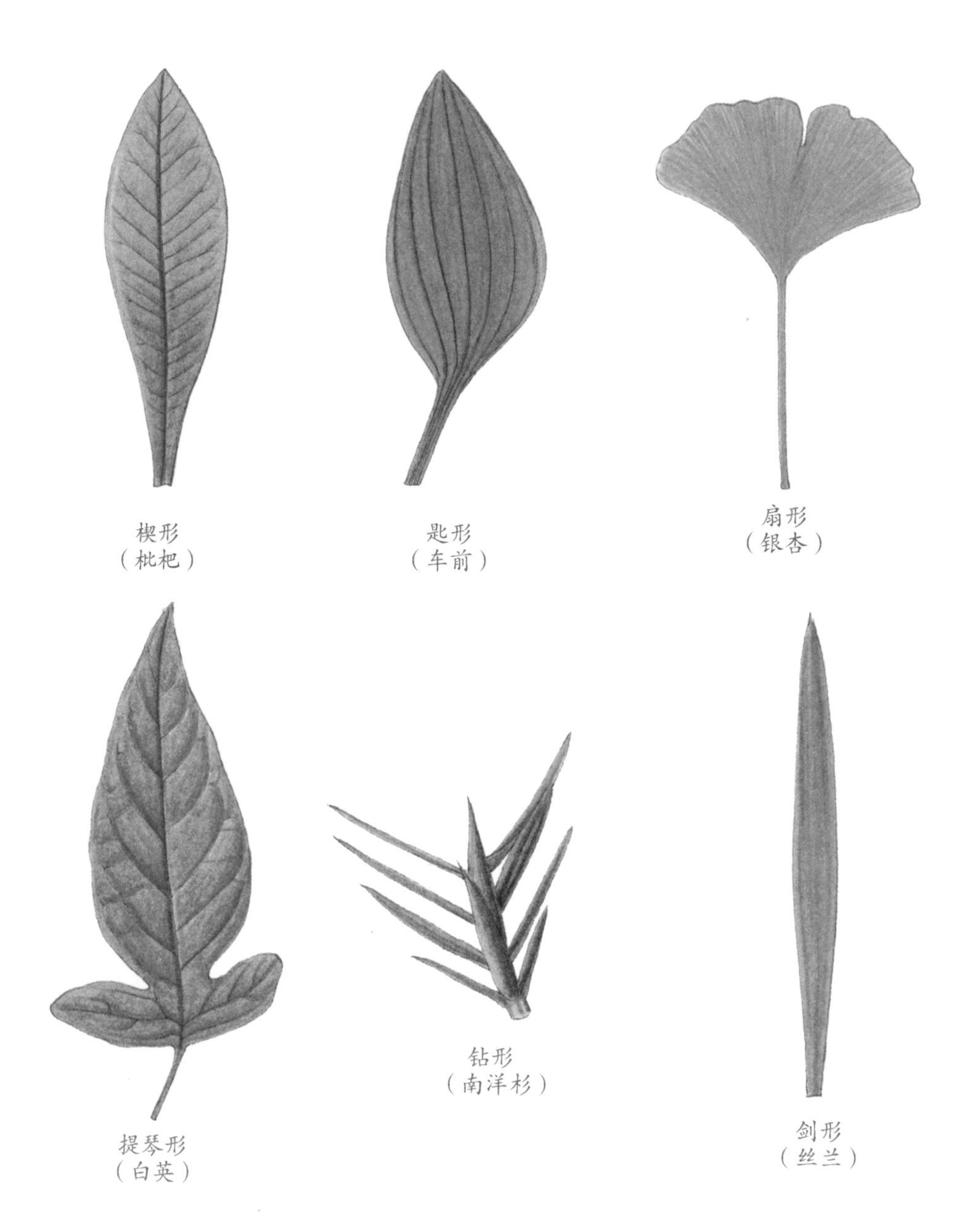

楔形（枇杷）

匙形（车前）

扇形（银杏）

提琴形（白英）

钻形（南洋杉）

剑形（丝兰）

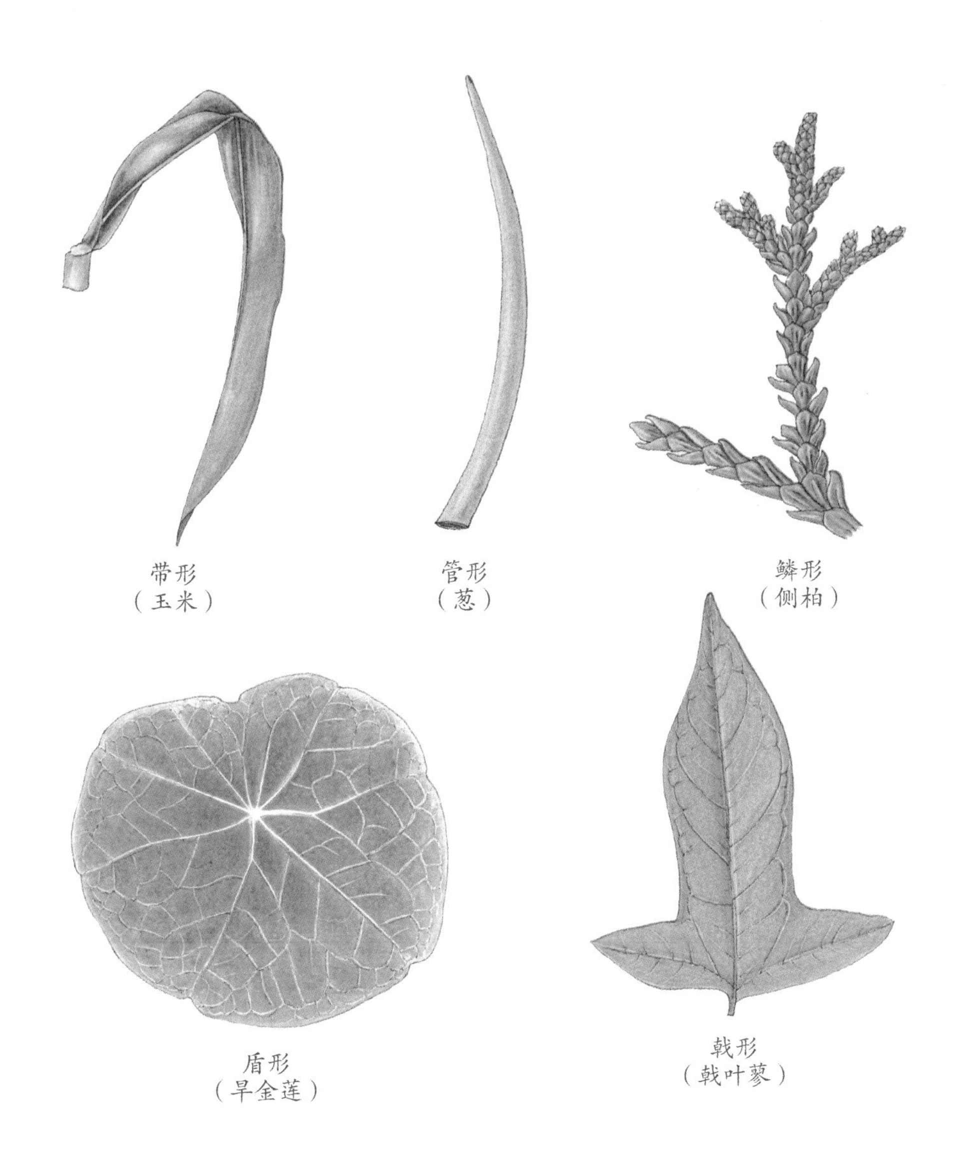

带形
（玉米）

管形
（葱）

鳞形
（侧柏）

盾形
（旱金莲）

戟形
（戟叶蓼）

带形：叶比较阔而特别长。

管形：此类叶多汁，长度超过宽度很多倍，横切面呈圆形，中间空。

鳞形：叶的形状如同鱼鳞。

盾形：叶柄不着生在叶片基底边缘，而是生在叶片背面。

戟形：叶片形如戟状，即基部两侧的小裂片向外。

由于植物的种类繁多，上面的一些叶的形状并不能涵盖叶的多样性特点，于是，就在前面讲到的叶形前面加上“长”“阔”“狭”“倒”等形容词来描述，例如宽卵形叶、长椭圆形叶、倒披针形叶、狭长圆形叶、倒卵形叶、倒心形叶。

复叶

复叶是指有2枚至2枚以上分离的叶片，生长在一个总叶柄或总叶轴上，叶柄与叶片之间有明显的关节。叶轴上的许多叶称为小叶，每一个小叶的叶柄称为小叶柄。

根据叶的生长位置和形态，可以分为羽状复叶、掌状复叶两大类。

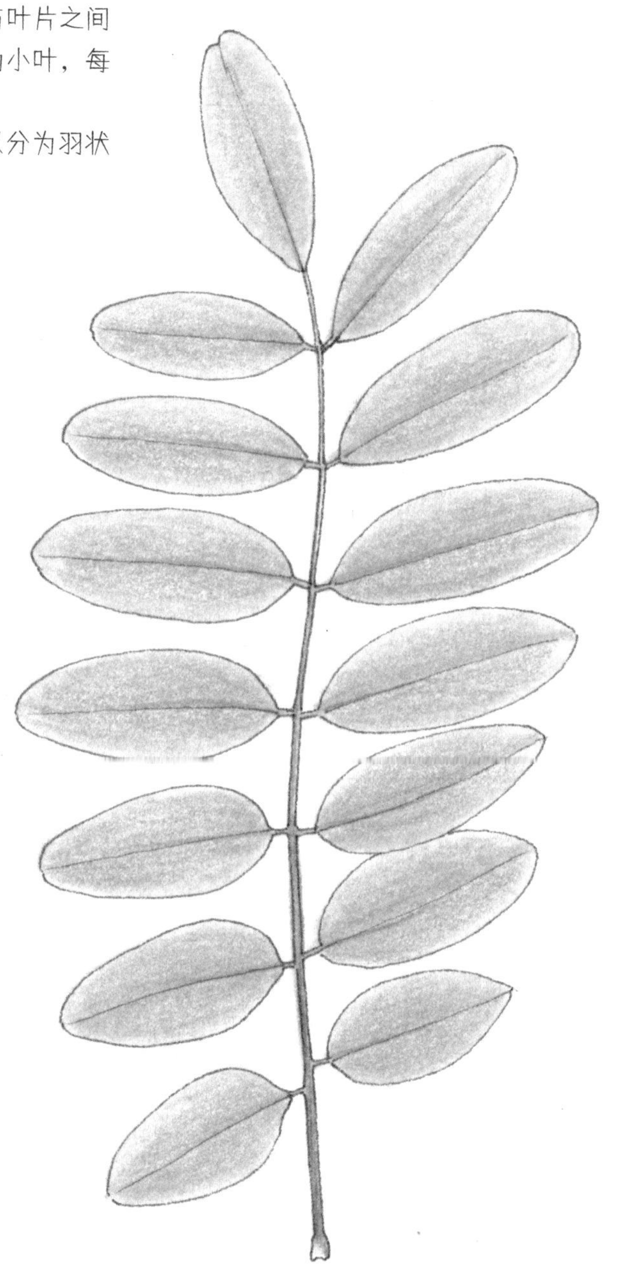

羽状复叶（国槐）

羽状复叶

羽状复叶是指侧生小叶排列在总叶柄的两侧成羽毛状的复叶，每一小叶相当于单叶的每一裂片。在羽状复叶中，根据叶片的数目或形状，又分奇数羽状复叶、偶数羽状复叶、一回羽状复叶、二回羽状复叶、三回羽状复叶、多回羽状复叶和参差羽状复叶。

总叶柄的两侧不分枝而具有一列小叶，叫一回羽状复叶。

总叶柄两侧有呈羽状排列的分枝，分枝两侧再生长有羽状排列的小叶羽状复叶，叫二回羽状复叶，其分枝称为羽片。

羽片和总叶柄一样，再一次分枝时，叫三回羽状复叶。

羽状三出复叶（绿豆）

羽状三出复叶（苜蓿）

羽状三出复叶（月季）

小叶数目3枚，侧生小叶2枚，顶生1枚小叶的叶柄较长，叫羽状三出复叶。

顶端有一个顶生的小叶，则总的小叶数目是单数，叫奇数羽状复叶。

小叶的数目是双数，叫偶数羽状复叶。

奇数羽状复叶（凌霄）

偶数羽状复叶（皂荚）

再次一级的羽片继续进行同样的分枝，以此类推，则叫多回羽状复叶。

有的植物羽状复叶大小不一，叫参差羽状复叶。

羽状复叶与一些生长有单叶的小枝条很容易混淆，主要的区分点是一般的小枝条的顶端会有顶芽，在每一个单叶的叶腋处会有腋芽，复叶的叶轴顶端没有芽，每一个小叶的叶腋处没有腋芽；复叶中的小叶与总叶柄在一个平面伸展开，而单叶小枝条上的叶会有一定的角度伸向不同的方向。

一回羽状复叶（蔷薇）

易混淆成羽状复叶的单叶互生枝条（一叶萩枝条）

三回羽状复叶（牡丹）

二回羽状复叶（合欢）

参差羽状复叶（委陵菜）

多回羽状复叶（茴香）

掌状复叶

掌状复叶是指3枚以上小叶片生长在急速缩短的叶轴上呈掌状向四周各方向展开而成手掌状的叶片。

在掌状复叶中，根据分歧的回数，又分掌状三出复叶、掌状四出复叶、掌状五出复叶、掌状七出复叶、掌状九出复叶等

掌状复叶（地锦）

掌状复叶（鹅掌藤）

掌状三出复叶(酢浆草）

掌状五出复叶（五加）

掌状九出复叶（鸭掌藤）

掌状七出复叶（七叶树）

单身复叶

小叶的数目可以有1或者多枚。如果是1枚小叶，但在侧生小叶的连接处有关节，叫单身复叶，如柚子、柑橘等

二出复叶

同一叶柄分生出2枚小叶，叫二出复叶或两小叶复叶，如歪头菜

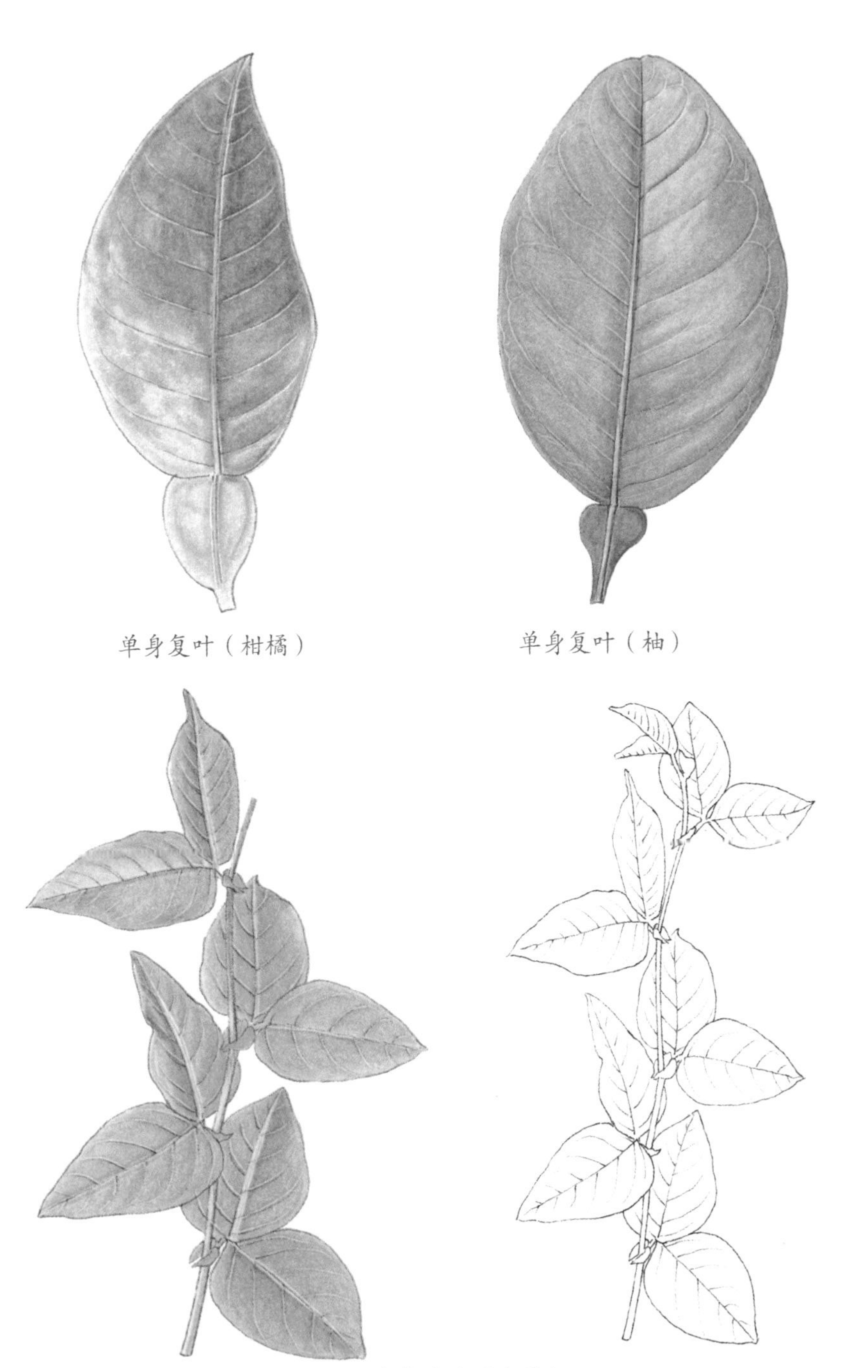

单身复叶（柑橘）

单身复叶（柚）

二出复叶（歪头菜）

植物叶形态很多，这与植物本身所生长的环境和气候有很大的关系。这些大小与形状不同的叶根据不同种类而不同，但是，在同一科属中的还是比较稳定的，这也是鉴别植物的重要依据。

03 叶的形态

叶序

叶在茎上生长有一定的排列次序，称为叶序，在任何外界条件的干扰下都不易发生变化。没有规则生长排列的植物非常少见。叶的生长排列方式，生长在茎或枝上的叶叫茎生叶。有些植物的茎极短或极不明显，叶就像从根上生长出来一样，这种叫基生叶。基生叶集中生长成一个莲座的形状，叫莲座状丛生叶。

根据生长在节部位的叶片数量，分为对生叶序、互生叶序、轮生叶序，或者根据斜列线分为轮生、纵生和斜生（螺旋叶序：露兜树）。

大多数的植物具有一种叶序类型，也有少数的植物有两种叶序。植物体通过叶序，可以使叶均匀而适合地排列，从而充分接受阳光，有利于光合作用。不同的叶序在进行分类与鉴别方面是很重要的依据。

叶序主要分为叶对生、叶互生、叶交互对生、叶轮生、叶簇生、叶丛生等类型，各种叶序在茎上均匀地分布，主要目的是有利于进行光合作用。

在茎或枝的各个节上相对生长的一对叶。所着生的茎或者枝有较长的节间，两片叶在两侧对着生长，如连香树、丁香、芝麻等。有的两片叶排列生长在茎的两侧，这是两列对生，如水杉

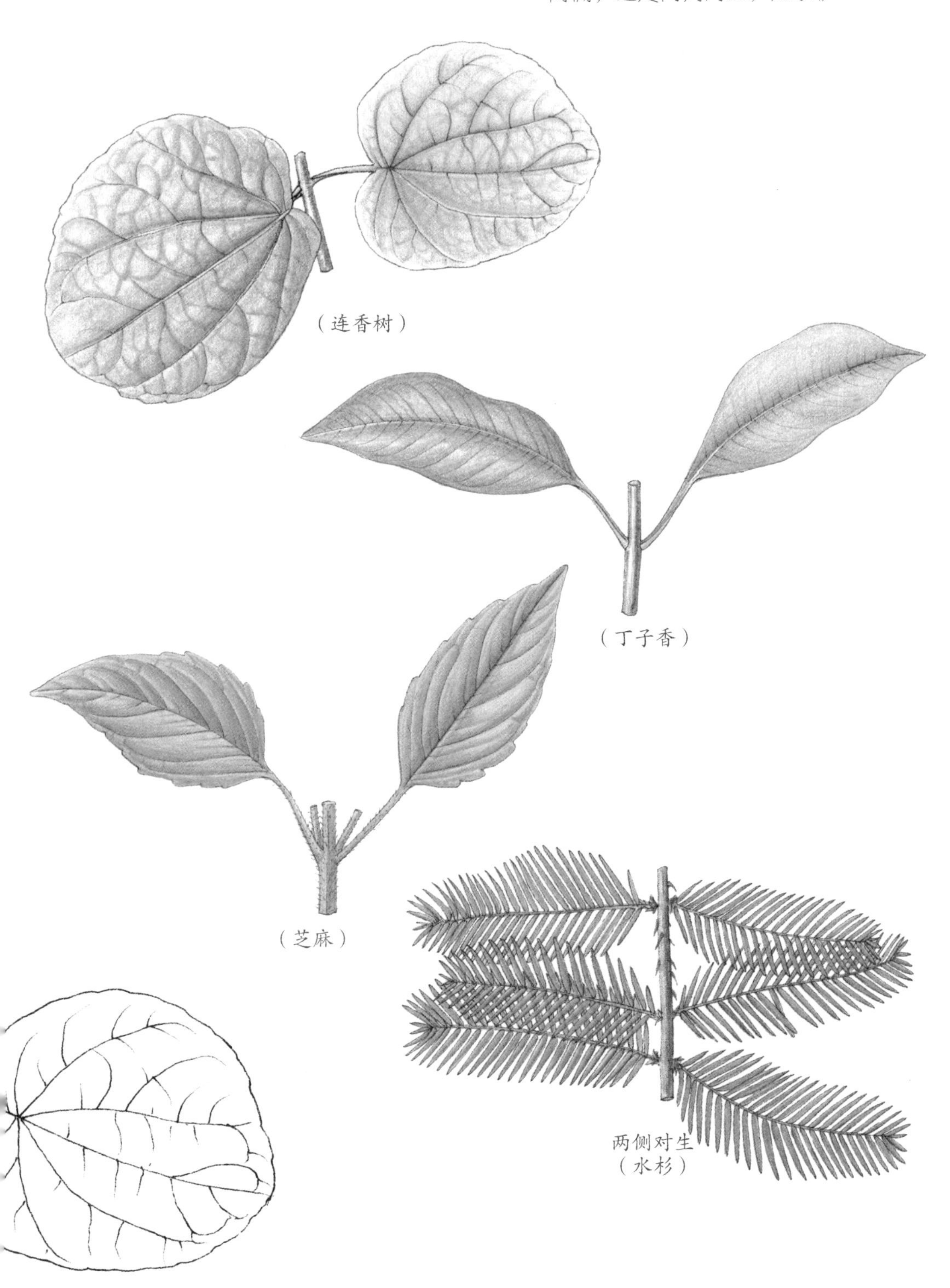

叶互生

在茎或枝的各个茎节部位上下交互生长着各一枚叶，如枫香、金缕梅等。叶经常以螺旋状的形式分布生长在茎上，这被称为旋生叶序

叶簇生

在茎或枝的各个茎节部位较短，在每个茎节上生长1枚或者多枚叶，例如枸杞、银杏、油松（2针一束）、华山松（5针一束）、白皮松（3针一束），雪松是多枚叶片簇生

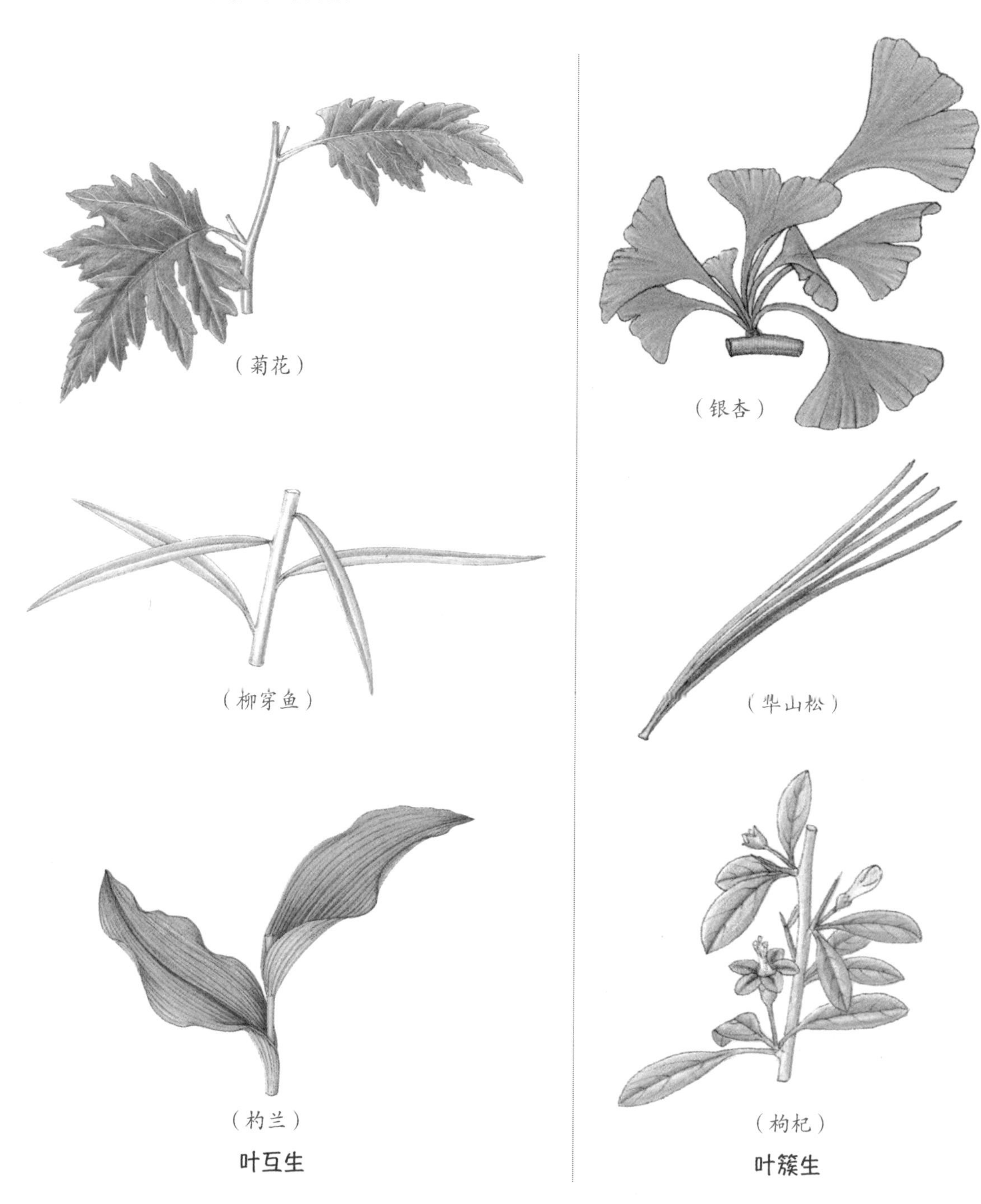

叶互生

叶簇生

叶交互对生

有的叶在茎枝的上下交错开一定的角度生长，一般交叉排列成直角，形成十字形交叉，这是交互对生，例如绣球、地笋等

叶丛生

在茎或枝的各个茎节部位较短而不明显，2枚或者多枚叶从茎节的一点生长而出

叶轮生

在茎或枝的各个茎节部位上生长着3枚或3枚以上的轮状叶，如夹竹桃是3叶轮生；刺参是4叶轮生；七叶一枝花是5～11叶轮生等

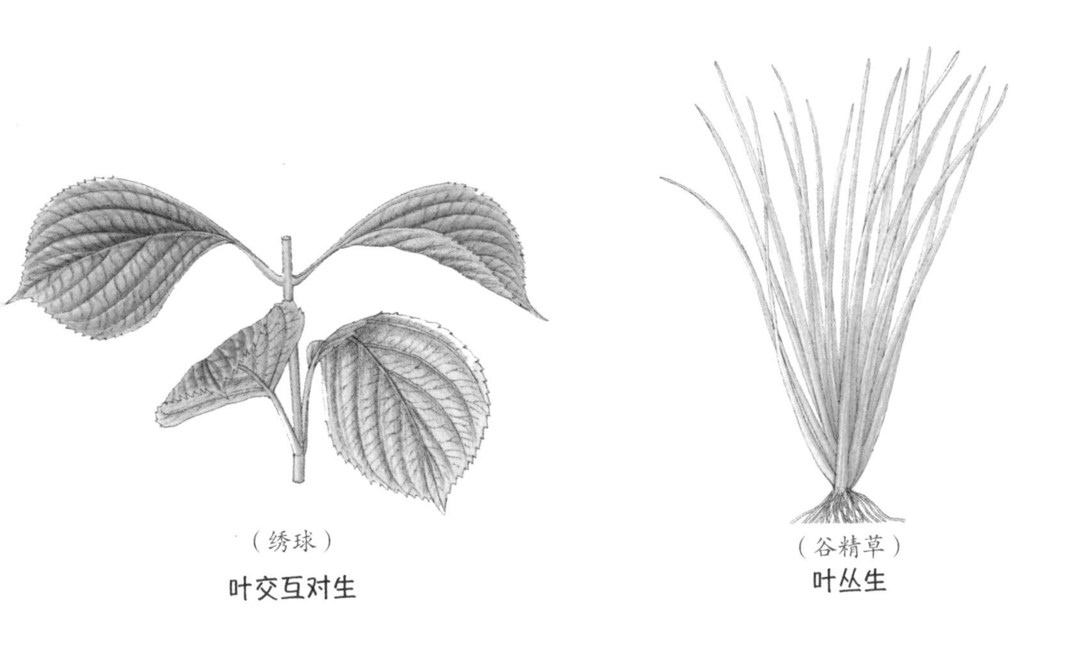

（绣球）

叶交互对生

（谷精草）

叶丛生

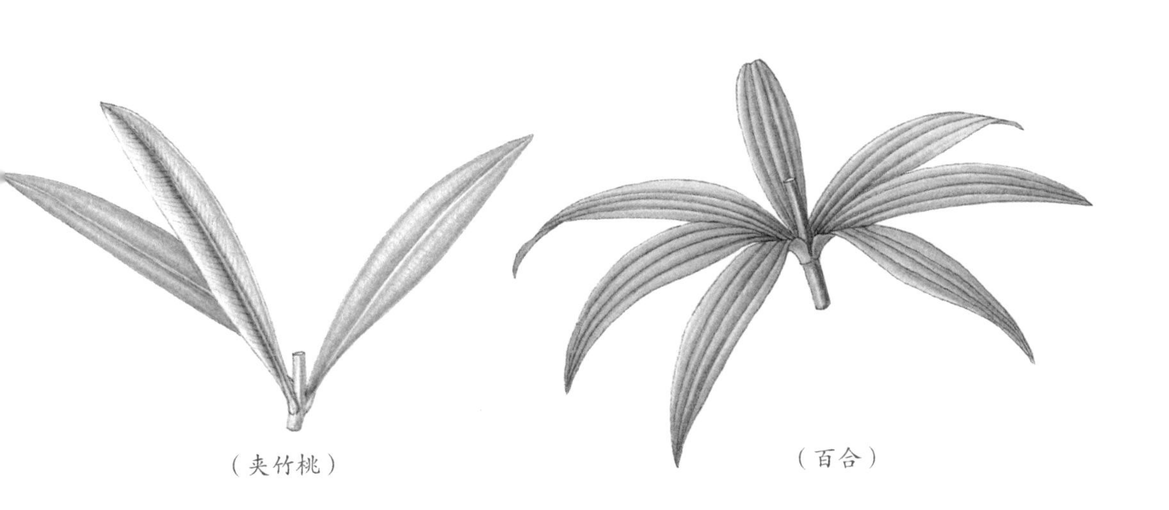

（夹竹桃）

（百合）

叶轮生

叶裂

有的叶缘为全缘，有的叶缘具齿或细小缺刻，还有的叶缘缺刻深且大，形成叶片的分裂，即为叶裂。依据缺刻的深浅可将叶裂分为浅裂、深裂和全裂三种类型。

浅裂的叶片缺刻最深不超过叶片的 1/2；深裂的叶片缺刻超过叶片的 1/2 但未达中脉或叶的基部；全裂的叶片缺刻则深达中脉或叶的基部，是单叶与复叶的过渡类型，有时与复叶并无明显界限。

根据排列形式的不同，叶裂又可分为两大类，在中脉两侧呈羽毛状排列的称为羽状裂，而裂片围绕叶基部呈手掌状排列的称为掌状裂。一般对叶裂的描述是综合了以上两种分裂方法，例如羽状浅裂、羽状深裂、掌状深裂等。

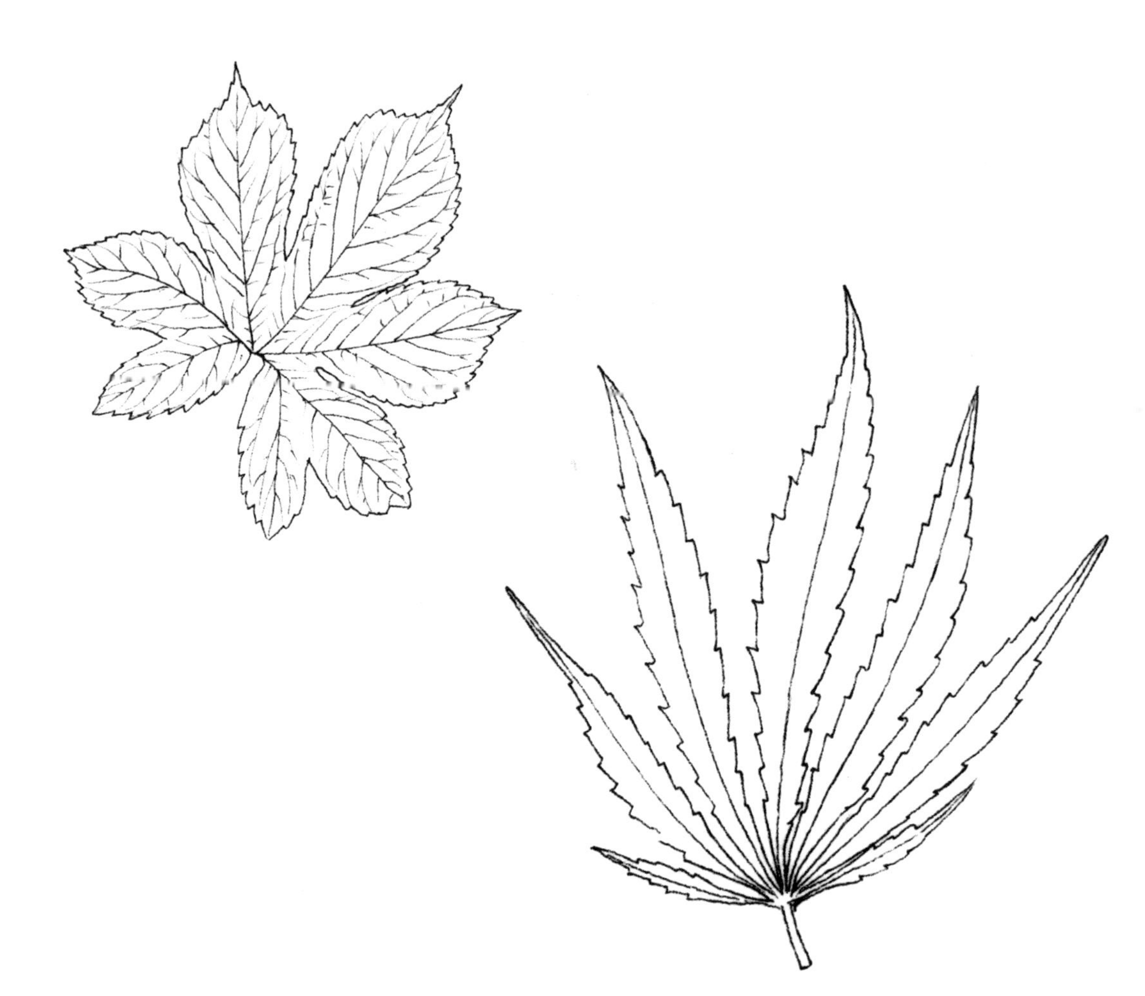

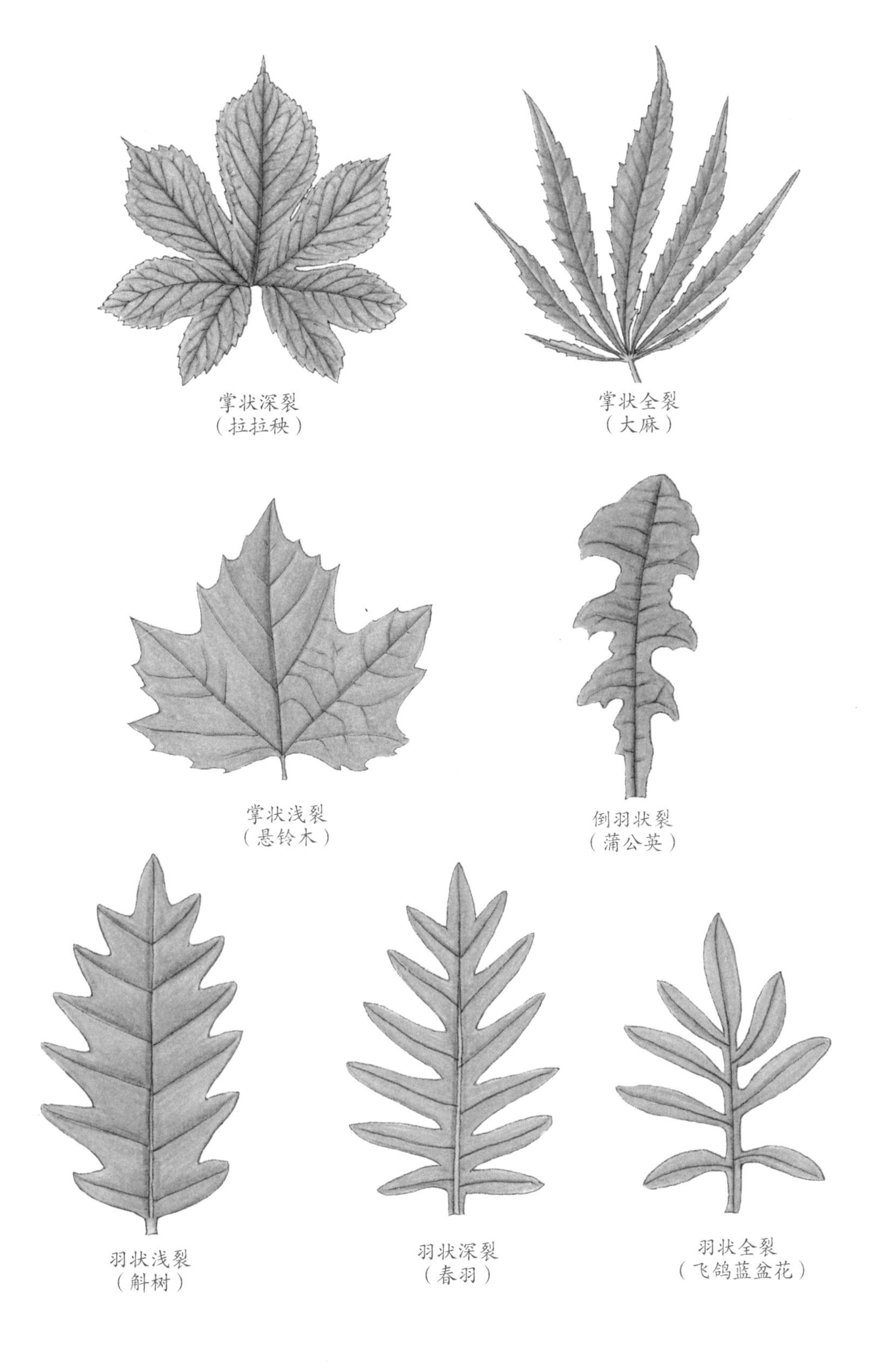
掌状深裂
（拉拉秧）
掌状全裂
（大麻）
掌状浅裂
（悬铃木）
倒羽状裂
（蒲公英）
羽状浅裂
（槲树）
羽状深裂
（春羽）
羽状全裂
（飞鸽蓝盆花）

叶尖

叶的先端称为叶尖，比较常见的形态有卷须状、芒尖、尾状、渐尖、急尖、骤凸、 钝形、凸尖、微凸、微凹、凹缺、倒心形等，这都是鉴别植物的重要特征。

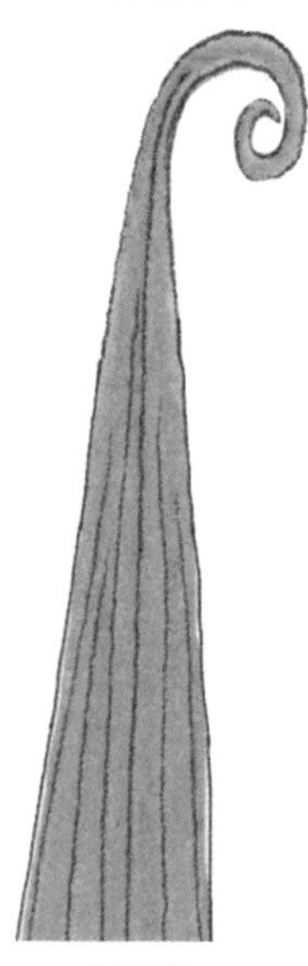

卷须状
（浙贝母）

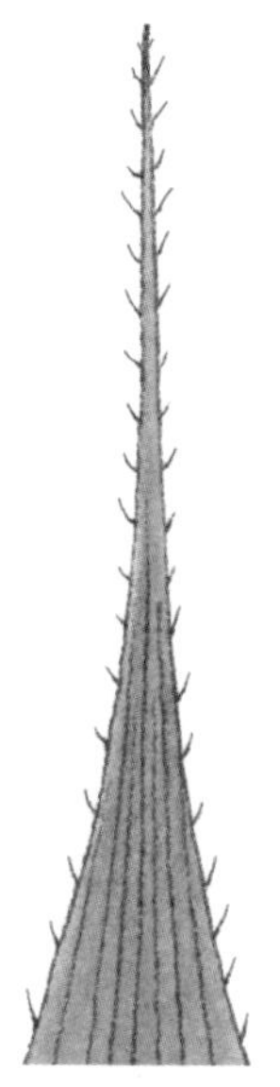

芒尖
（芒尖苔草）

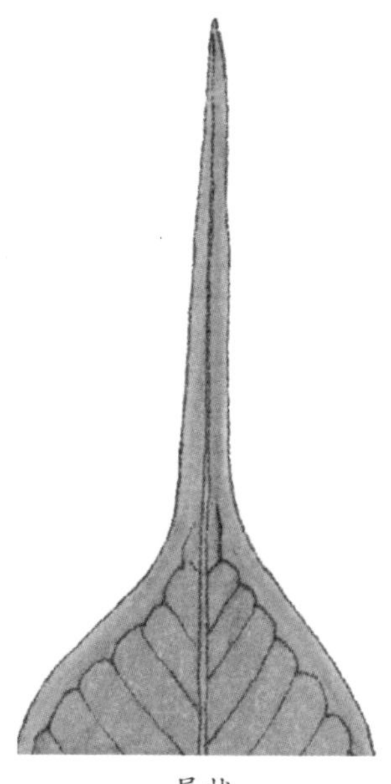

尾状
（菩提树）

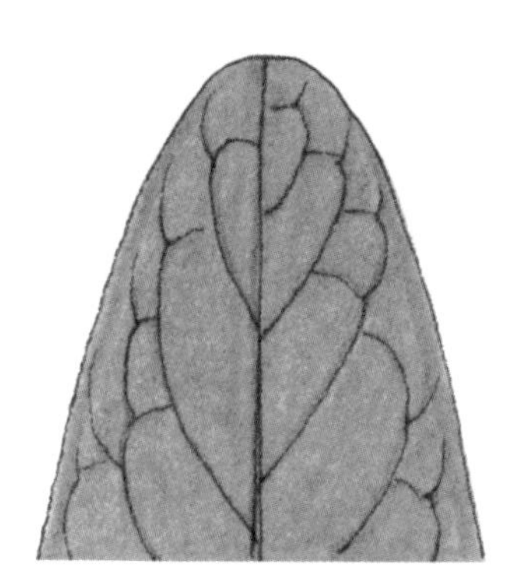

钝形
（报春花）

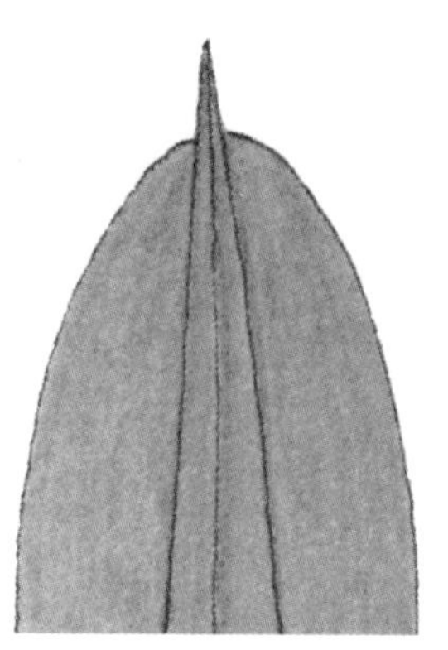

凸尖
（大叶竹节树）

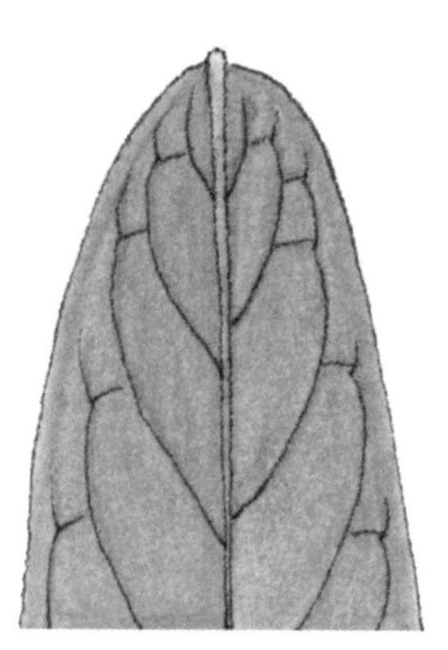

微凸
（杜鹃）

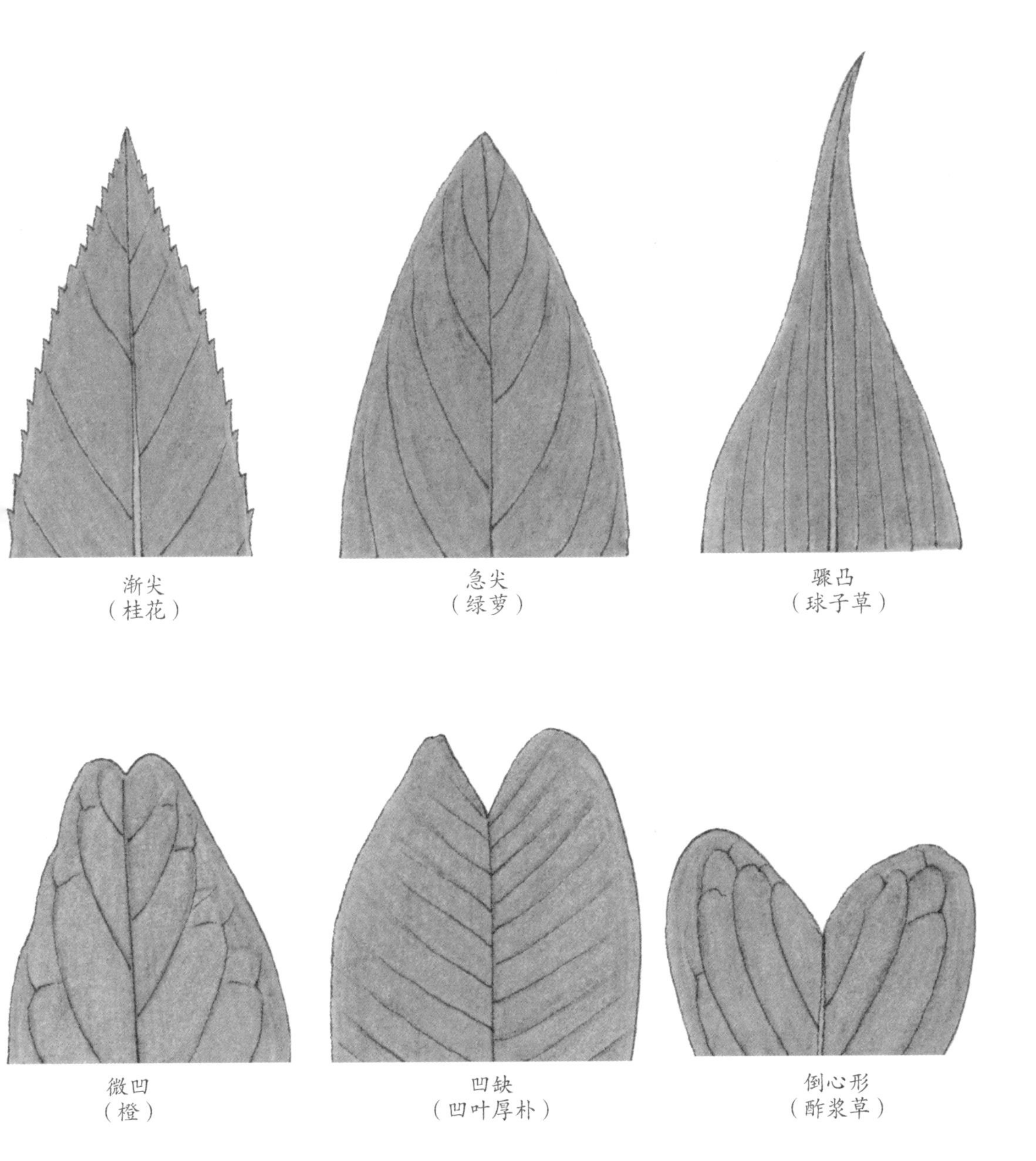

渐尖
（桂花）
急尖
（绿萝）
骤凸
（球子草）
微凹
（橙）
凹缺
（凹叶厚朴）
倒心形
（酢浆草）

叶基

叶的基部称为叶基，常见的形态有心形、耳垂形、箭形、楔形、戟形、盾状、歪斜、穿茎、抱茎、合生穿茎、截形、渐狭等，这都是鉴别植物的重要特征。

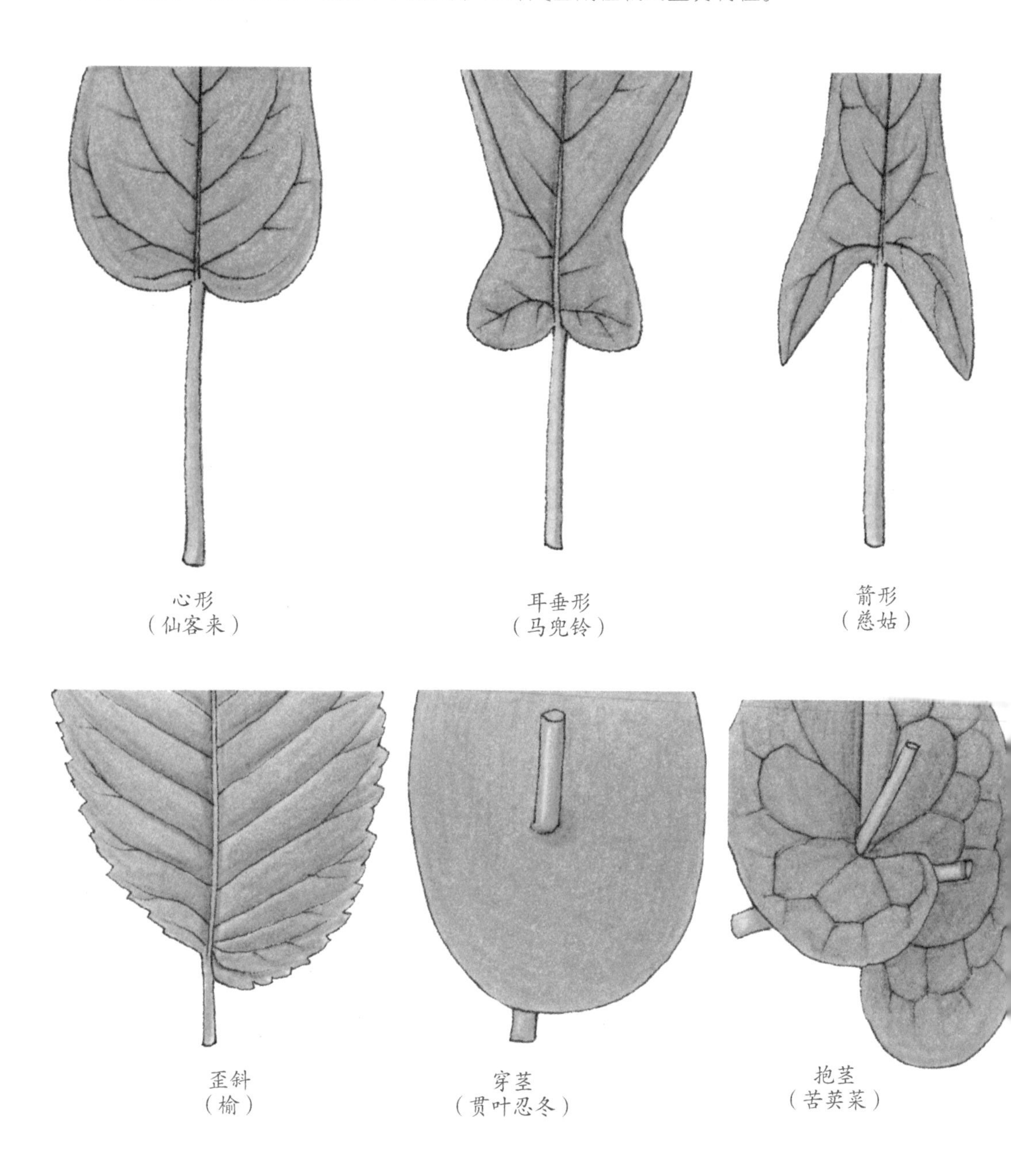

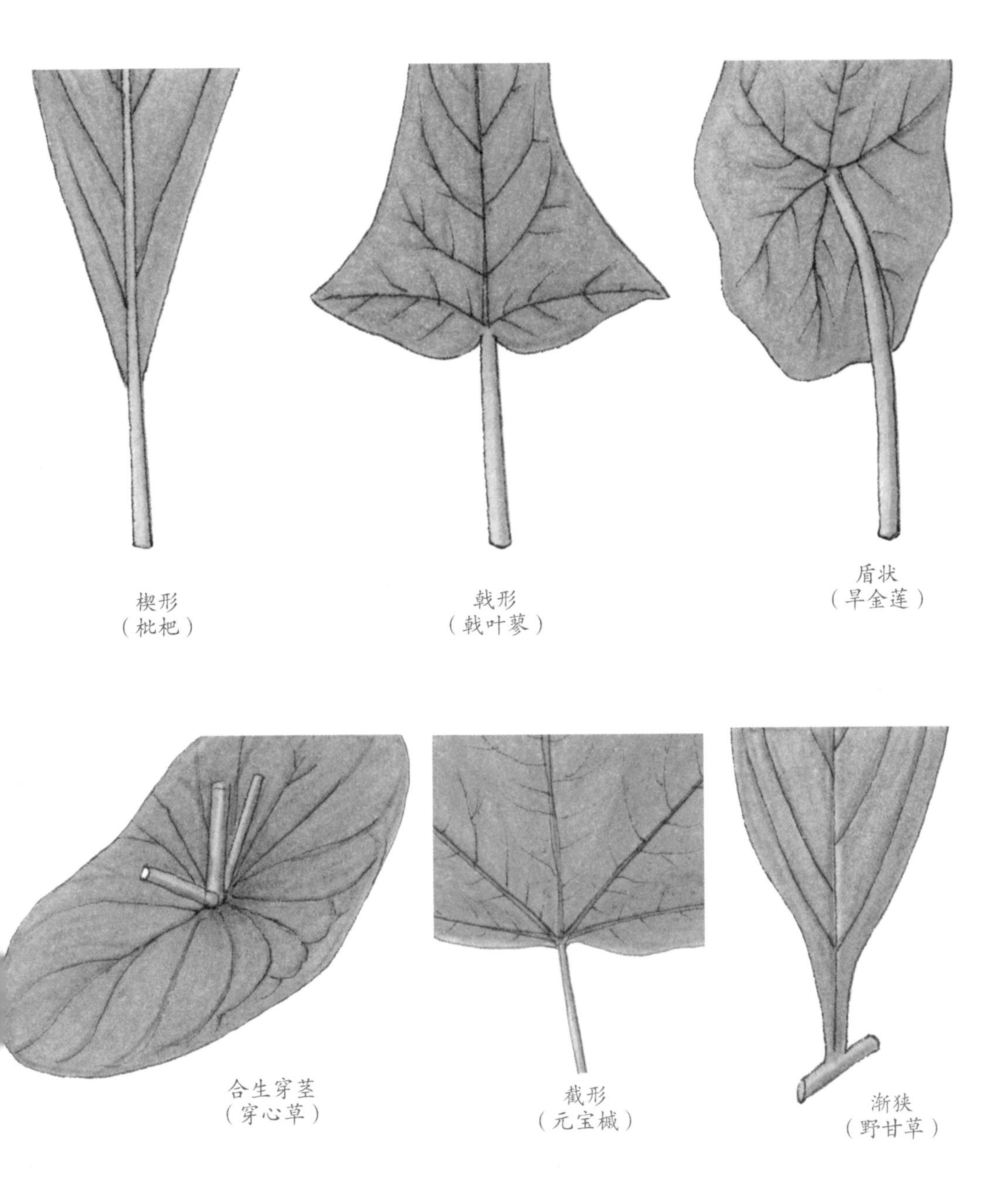
楔形
（枇杷）
戟形
（戟叶蓼）
盾状
（旱金莲）
合生穿茎
（穿心草）
截形
（元宝槭）
渐狭
（野甘草）

叶缘

叶的边缘称为叶缘，不同种类植物的叶缘形态变化有很多，常见的有全缘、浅波状、深波状、皱波状、钝齿状、外卷状、内卷状、锯齿状、细锯齿状、牙齿状、重锯齿状、睫毛状、缺刻状、条裂状、浅裂状、半裂状、深裂状、全裂状等，这都是鉴别植物的重要特征。

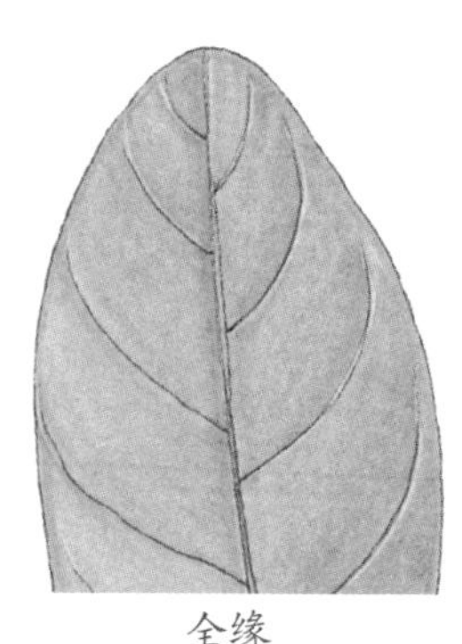

全缘
（海桐）

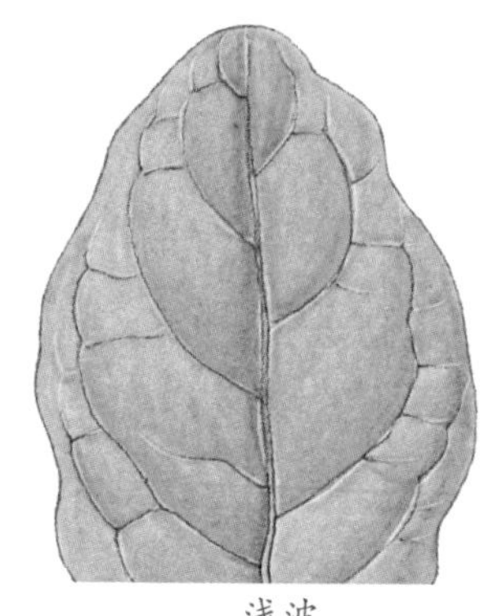

浅波
（花椰菜）

深波
（栎树）

皱波
（生菜）

细锯齿
（桂花）

牙齿
（樱桃）

有睫毛
（大卫）

重锯齿
（榆）

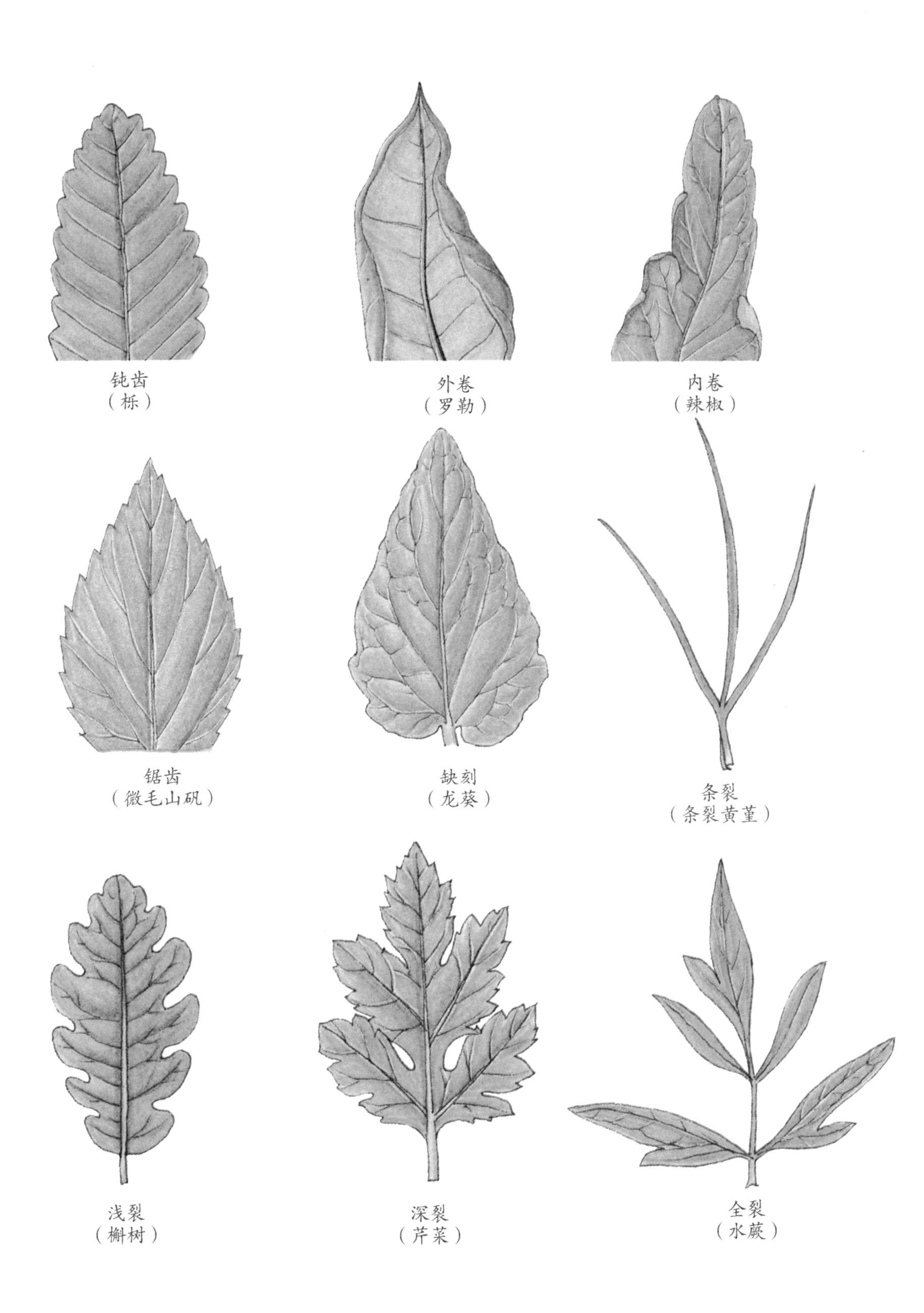

钝齿
（栎）
外卷
（罗勒）
内卷
（辣椒）
锯齿
（微毛山矾）
缺刻
（龙葵）
条裂
（条裂黄堇）
浅裂
（槲树）
深裂
（芹菜）
全裂
（水蕨）

叶脉

叶脉是叶片上分布的粗细不同的维管组织及外围的机械组织，分布在叶肉组织中起到输导和支持的作用。一方面，叶脉为叶提供水分和无机盐、输出光合产物；另一方面，叶脉支撑着叶片，保证叶的生理功能得以顺利进行。

叶脉按其分出的粗细可分为主脉、侧脉和细脉三种；按其在叶片上分布的样式又可分为平行脉、叉状脉、网状脉。

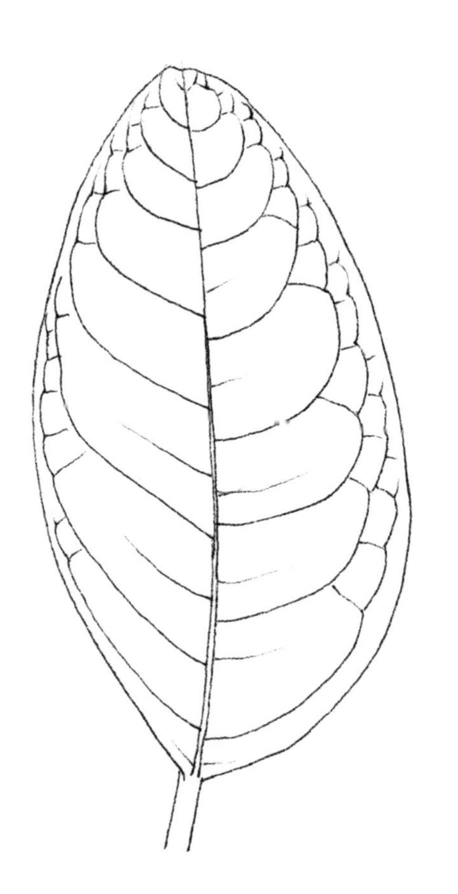

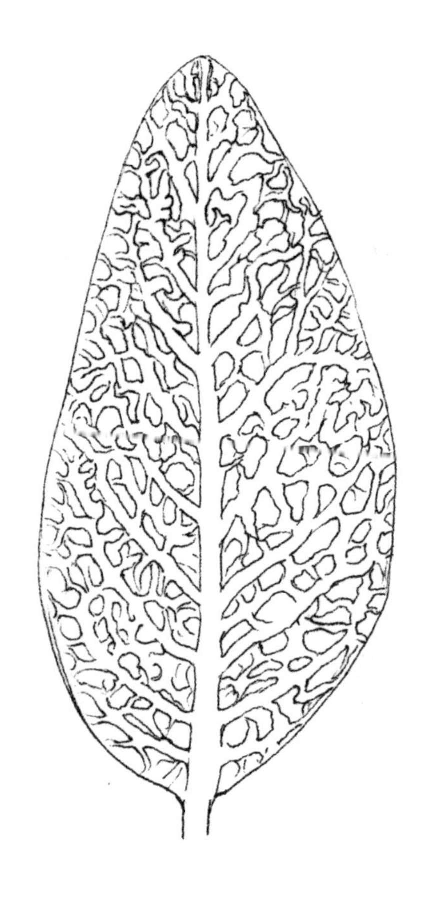

直出平行脉

叶的主脉与侧脉自叶基部平行地直达叶的尖部，如小麦、水稻等的叶脉

横出平行脉

叶的侧脉垂直或者接近于垂直于主脉，侧脉之间彼此平行直达叶缘，如香蕉的叶脉

射出平行脉

各叶脉从叶的基部辐射而出，到达叶的尖部，如棕榈的叶脉

弧形平行脉

叶脉自基部发出，在叶面的中部彼此距离逐渐增大，呈弧状，到达叶尖后汇合，如车前、百部等的叶脉

横出平行脉（芭蕉）

直出平行脉（麦冬）

射出平行脉（棕榈）

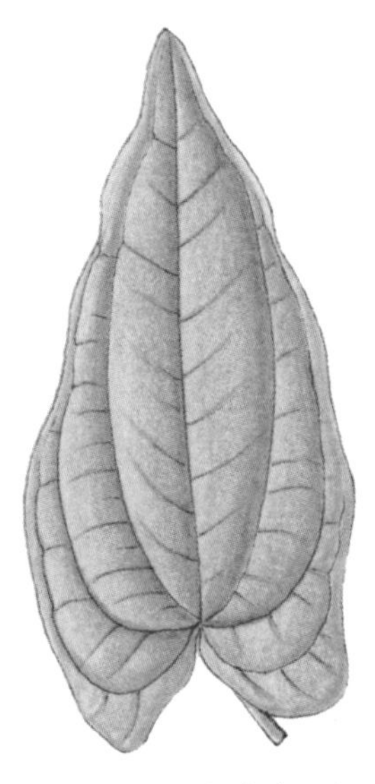

弧形平行脉（黄独）

叉状脉

由二叉分枝所构成的叉状分枝的叶脉，如银杏的叶脉

掌状网脉

叶的主脉基部同时产生多条与主脉近似粗细的侧脉，再从它们的两侧发出多数侧脉，又从侧脉产生许多交织成网状的细脉，如蓖麻、南瓜、棉等的叶脉。

羽状网脉

有一条明显的主脉，侧脉自主脉的两侧发出，呈羽毛状排列，并几达叶缘，如榆、桃、苹果等的叶脉

在观察叶脉的时候，要仔细观察叶脉的特征。侧脉与主脉形成的角度及侧脉的数量，在不同的植物之间亦有所区别

羽状网脉（红穗铁苋菜）

叉状脉（银杏）

掌状网脉（块茎山萮菜）

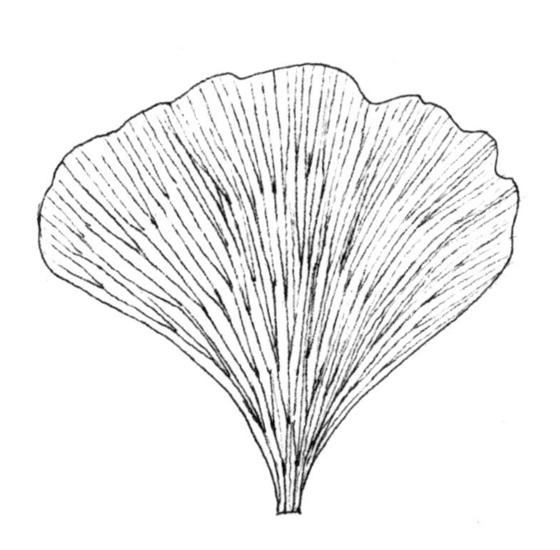

叶脉与叶缘锯齿

侧脉由主脉发出而通到叶缘，如果叶缘有锯齿，侧脉的末端就会有锯齿。一般情况下，较大的锯齿才会有侧脉的通入；较小的锯齿中是由侧脉分出的细脉。

如果一个大锯齿上带有一个小锯齿，叫二重锯齿；

一个大锯齿上带有两个小锯齿，叫三重锯齿。

单锯齿（南欧朴）

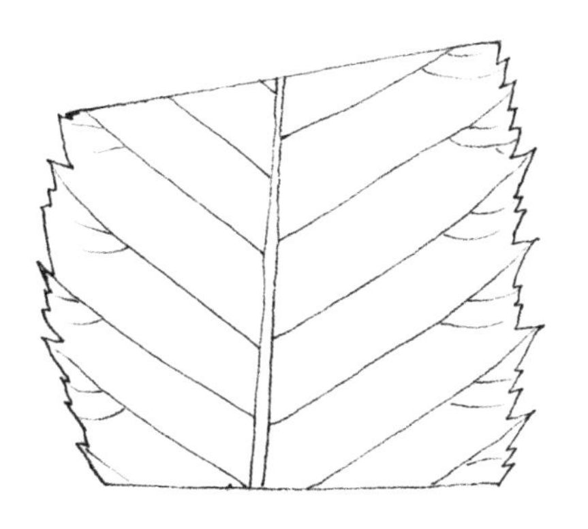

二重锯齿（火炬树）

三重锯齿（铁木）

变态叶

植物的叶是容易变化的器官，不同植物的叶会根据植物所生活的环境而有所变态，主要的类型有苞片和总苞片、叶刺、叶卷须、叶状柄、鳞状叶、补虫叶、胎生叶。

苞片和总苞片

在很多植物花的下部，经常会有不同形态，以绿色为主的或大或小的苞片，以及数目较多聚生在花序基部的总苞片，这些都是叶的变态。苞片和总苞片具有保护花和果实的作用，有的也有吸引昆虫的作用，如鱼腥草的大而白色的总苞片。这些不同形态、大小和色泽的苞片，会因植物种类的不同而有所变化，是鉴别属种的重要依据。

叶刺

有一些植物的叶和托叶演变成刺状，如仙人掌的肉质茎所生长的刺，小檗属茎上的刺，刺槐枝上的刺，酸枣叶柄两侧的托叶刺等，这些都成为叶刺，都生长在叶的位置上，在腋部有腋芽，可以单独发育成侧枝。还有些植物的叶尖和叶缘的锯齿会演变成刺状。

叶卷须

有的植物叶或者叶尖部位演变成卷须状，如豌豆、野大豆的羽状复叶先端的卷须，均由小叶变态而来；菝葜属植物的托叶变成卷须状，这些被称为叶卷须。可以借助其他物体使自身向上攀缘生长。

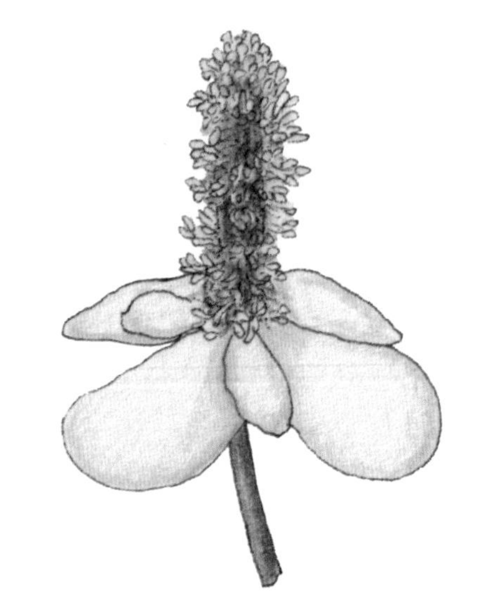

苞片（鱼腥草）

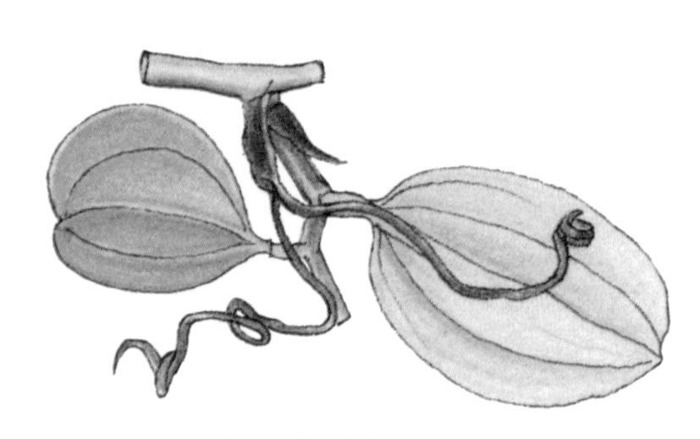

托叶卷须（菝葜）

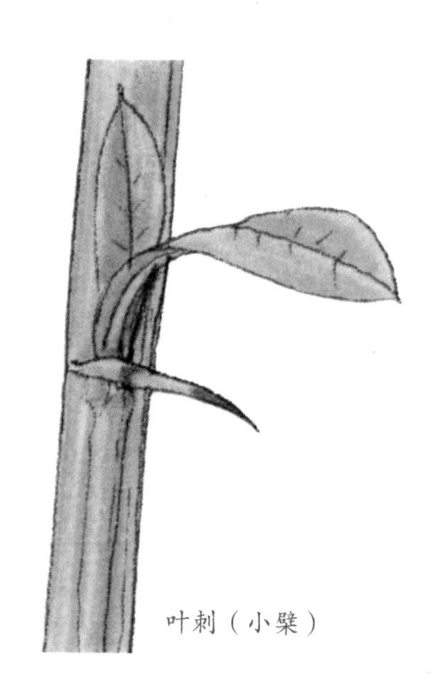

叶刺（小檗）

鳞状叶

有些植物的叶特化或者退化成鳞片状，被称为鳞叶。如杨树、柳树枝条顶端的芽体，是由变态的鳞叶包裹着，具有保护幼芽的作用，也叫芽鳞，灰褐色，有绒毛或者黏液；在莲藕和荸荠的地下茎节上，有退化成膜质的干燥鳞叶；还有洋葱与百合的鳞茎，肥厚多汁，储藏有丰富的养料。

鳞状叶（杨树）

叶状柄

有的植物的叶完全退化，但叶柄演变成了扁平的叶状体，代替叶的功能，被称为叶状柄，如台湾相思树和金合欢，在幼苗时期生长而出的几片二回羽状复叶，在逐渐成长之后，小叶片退化，仅保留了叶状柄。

叶状柄（台湾相思树）

捕虫叶

有一些生活在缺少氮肥环境中的植物，其叶片变态成了特殊的捕食工具，有的特化成囊状，如狸藻；有的特化成盘状，如茅膏菜；有的特化成瓶状，如猪笼草、瓶子草、土瓶草。这些特化的捕食结构，主要通过捕食昆虫之类的生物来补充营养，同时还具有叶绿体，能正常进行光合作用的同时，消化所捕猎到的昆虫。其中，猪笼草的捕虫叶呈瓶状，结构很精巧，整个叶片分成了三部分，一部分是绿色的叶片，第二部分是由叶片顶端生长出的管状结构，第三部分是在管状结构顶端形成的瓶状结构，在瓶状结构的顶端有一个始终半开的顶盖，内侧会分泌蜜腺，同时也会散发出特殊的气味，主要是诱惑昆虫来采食蜜腺，但必经之处就是瓶口部位。这里会分泌一种蜡质物，非常滑，由此路过的昆虫就会坠落到瓶中，被里面的消化液分解并吸收。

茅膏菜的盘状或者长条状捕虫叶上面，有很多顶端膨大的腺状毛，每个腺状毛的顶端分泌着黏液，飞落在上面的昆虫就会被黏液粘住，相邻近的腺状毛也会下弯过来，把昆虫紧紧地包裹在叶片上。叶片的中间会分泌一些消化酶，慢慢会把昆虫分解和消化，大概15日之后，叶片会再次展开，此时的昆虫仅剩下一副空的外壳。那些腺状毛会再次张开，等待新的猎物落网。

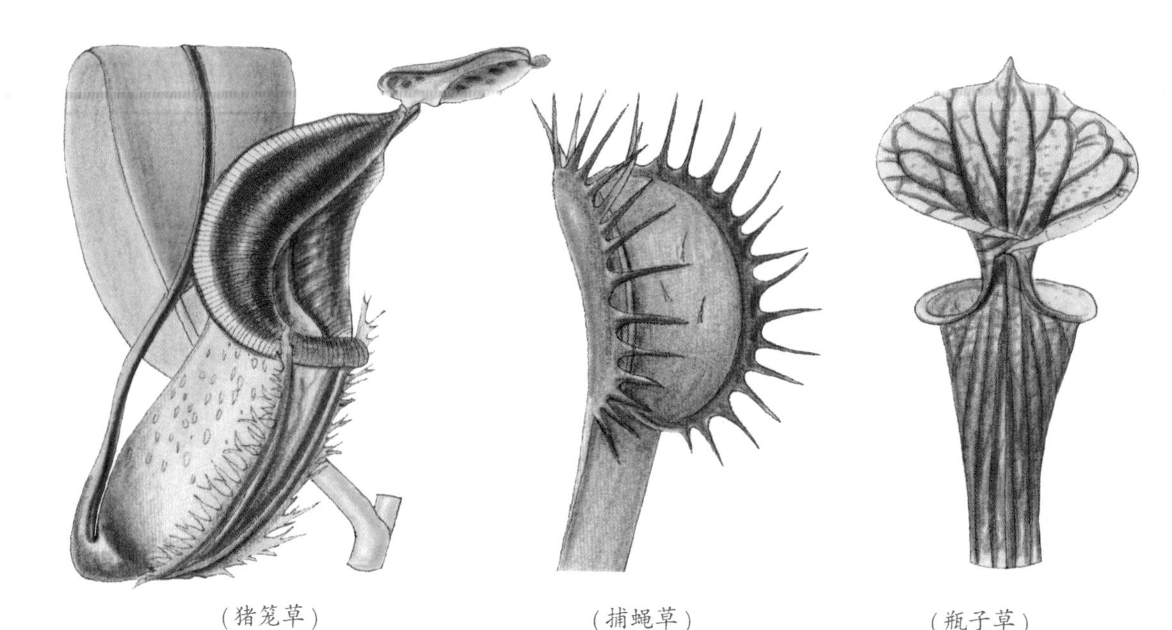

（猪笼草）　（捕蝇草）　（瓶子草）

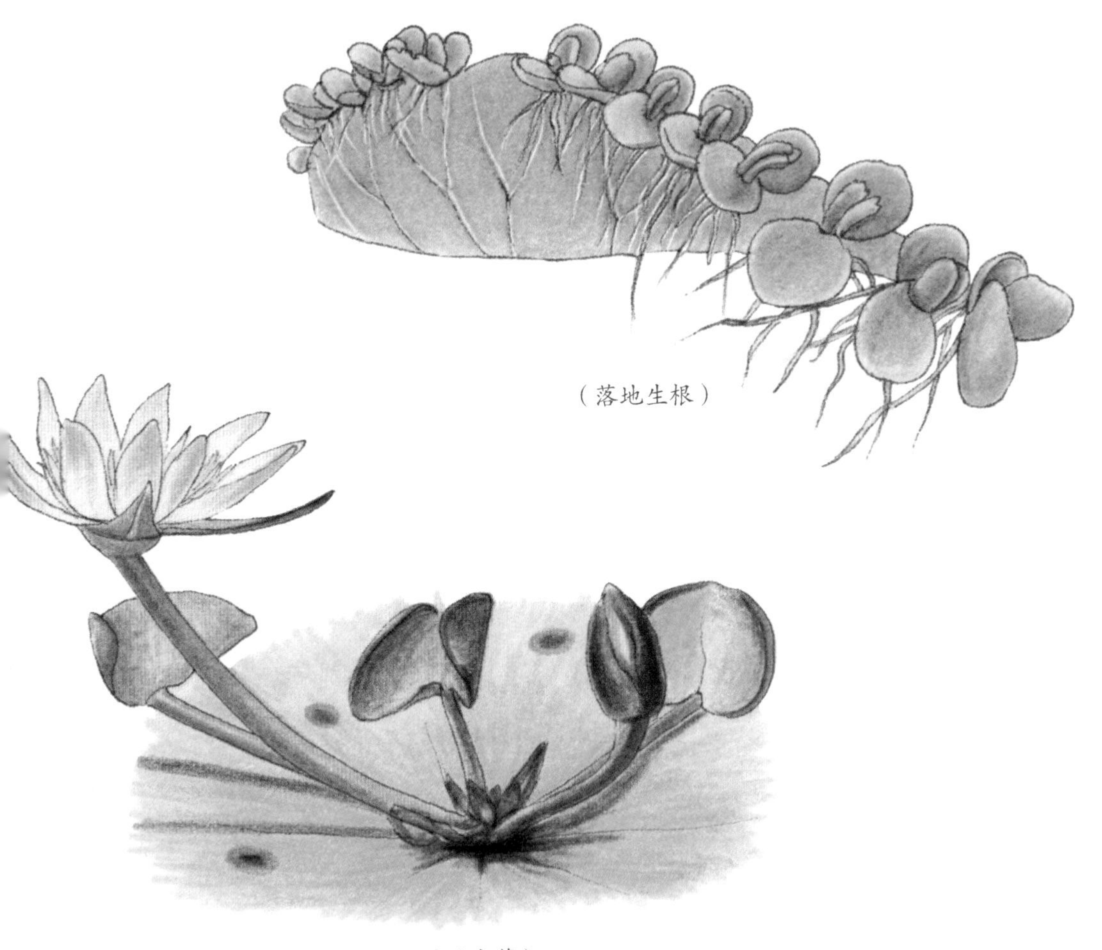

（落地生根）

（胎生莲）

胎生叶

植物的繁殖方式主要有性繁殖和无性繁殖两种。有性繁殖是植物开花之后，借助昆虫和其他动物进行传粉发育成果实，再由动物进行种子的传播，遇到合适的环境发芽生长。无性繁殖是由不同植物的营养器官（根、茎、叶）自行萌发新的生长体。有些植物会从叶片上萌生芽体，会生长出纤细的气生须根，排列在叶片的边缘或者中间，遇到外部力量可以自行脱落，生根成长，如落地生根和睡莲。

植物营养器官的变态会在适应不同的环境和功能时，在形态和结构上发生可以遗传的变化。在这些变态器官中，一般会根据器官功能不同，而来源相同的，称为同源器官，如枝刺、根状茎、块茎和茎卷须；根据来源不同但功能相同的称为同功器官，如块根、块茎，虽然从来源上区分前者是根，后者是茎，但都具有储藏的功能。

植物的变态器官都是植物本身在长期适应环境中所形成的结构，一般来讲，植物器官的形成虽然有一定的遗传稳定性，但是，当外界的条件发生变化时，会因变异而产生新的适应，也会遗传给后代，再经过长期的自然选择而保留下来。

第一课

认物 绘植

花与花序

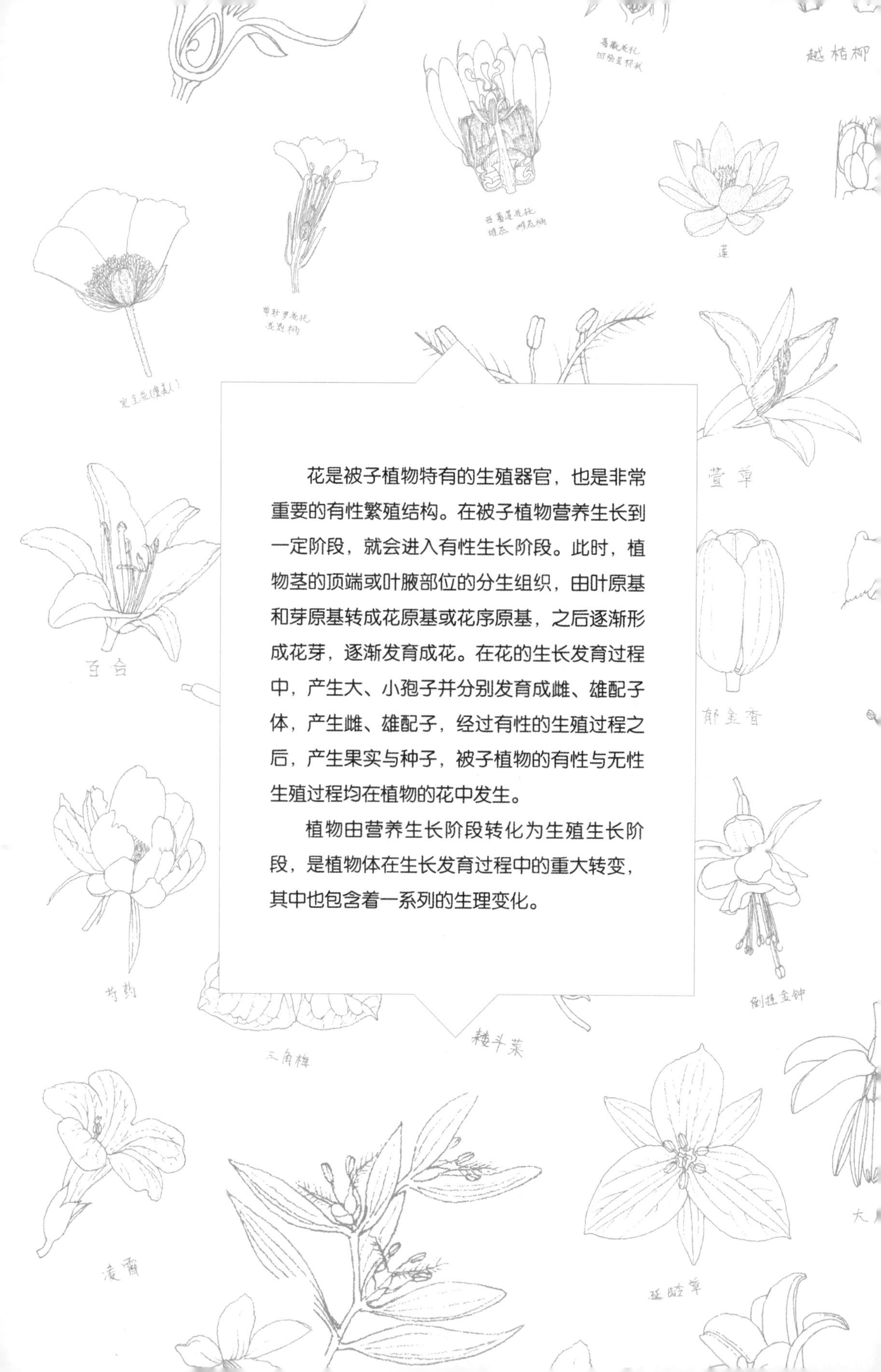

花是被子植物特有的生殖器官，也是非常重要的有性繁殖结构。在被子植物营养生长到一定阶段，就会进入有性生长阶段。此时，植物茎的顶端或叶腋部位的分生组织，由叶原基和芽原基转成花原基或花序原基，之后逐渐形成花芽，逐渐发育成花。在花的生长发育过程中，产生大、小孢子并分别发育成雌、雄配子体，产生雌、雄配子，经过有性的生殖过程之后，产生果实与种子，被子植物的有性与无性生殖过程均在植物的花中发生。

植物由营养生长阶段转化为生殖生长阶段，是植物体在生长发育过程中的重大转变，其中也包含着一系列的生理变化。

花的组成结构

1790年，德国诗人、哲学家和博物学家歌德(J. W. von Goethe)在其论文《植物的变态》中提出“花是适应于繁殖功能的变态枝条”，此观点得到世界各国诸多形态学家的支持。

一般情况下，一朵花主要由花柄、花托、花萼、花冠、雄蕊群和雌蕊群6部分组成。从歌德提出的观点来看，花萼、花冠、雄蕊群和雌蕊群具有叶的一般性质，花托是节间极度缩短的不分枝的变态茎。花不仅大小不一，形态各异，而且还五颜六色。大部分花朵有芳香的气味，有些特殊植物的花会有臭味和其他特殊气味。

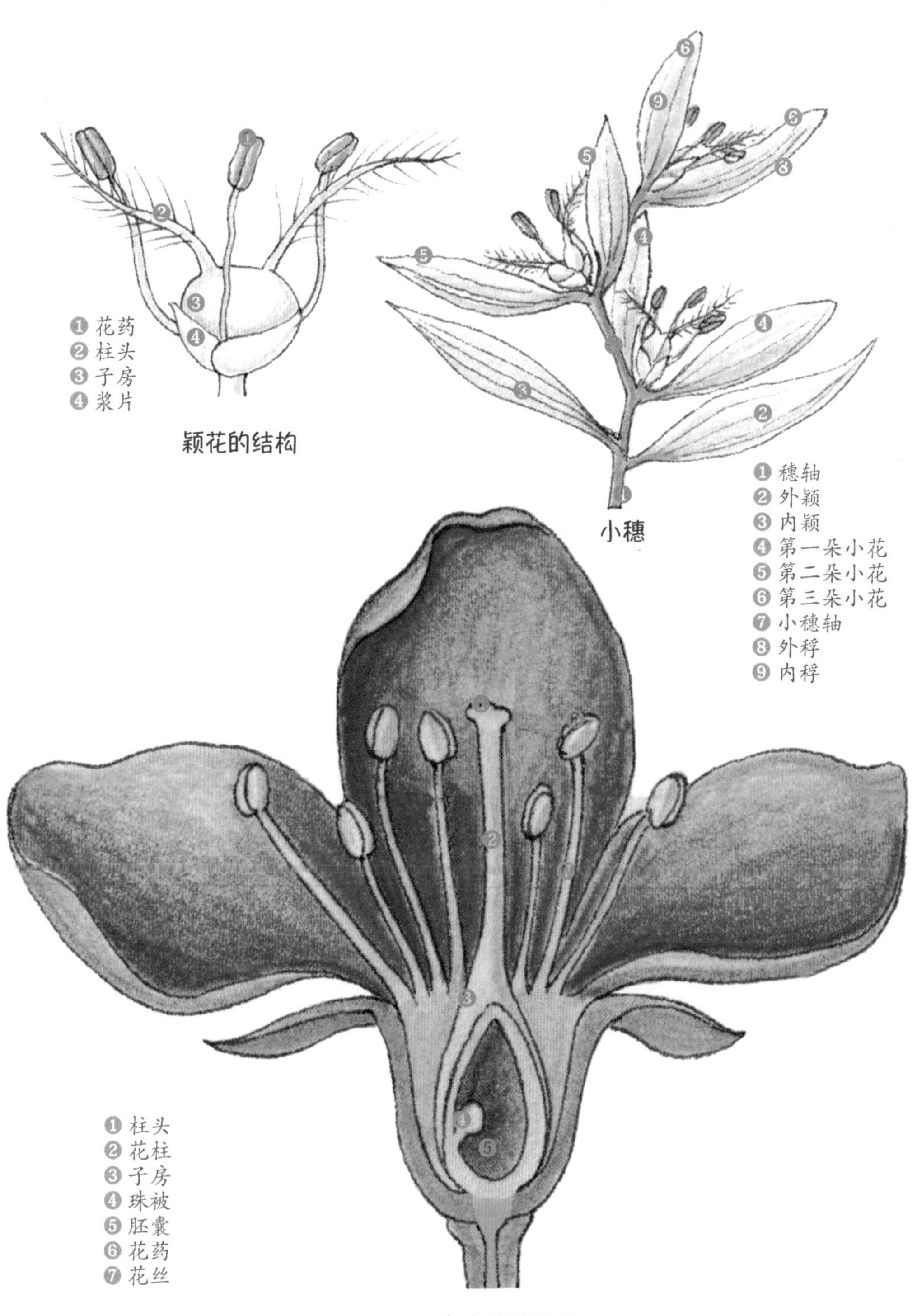
❶ 花药
❷ 柱头
❸ 子房
❹ 浆片
颖花的结构
❶ 穗轴
❷ 外颖
❸ 内颖
❹ 第一朵小花
❺ 第二朵小花
❻ 第三朵小花
❼ 小穗轴
❽ 外稃
❾ 内稃
小穗
❶ 柱头
❷ 花柱
❸ 子房
❹ 珠被
❺ 胚囊
❻ 花药
❼ 花丝

完全花的结构

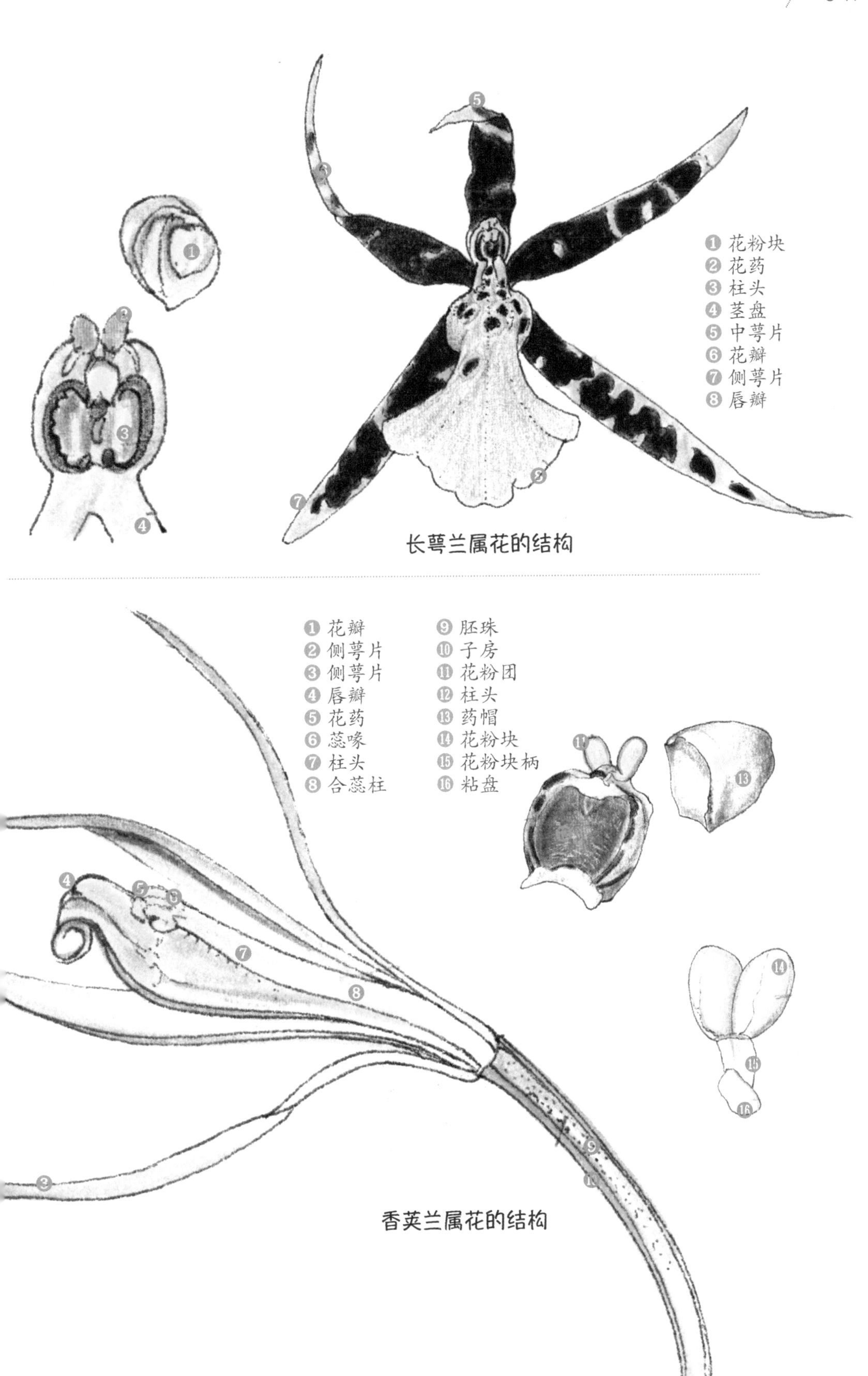

长萼兰属花的结构

香荚兰属花的结构

花柄与花托

花柄也叫花梗，是生长花的小枝，花柄有长有短，也有的植物没有花柄，这都会因植物的不同种类而有所区别。花柄的顶部分生为花托，花萼、花瓣、雄蕊群和雌蕊群都会按照一定的方式生长在花托上。有一些比较原始的植物种类的花托是柱状，花的各部分螺旋排列在上面，如玉兰。随着植物的不断演化，花托在不同的植物种群中会呈现出各种的形态，大多数种类中的花托是缩短生长，有的呈圆顶状，如桃；有的呈凸起的覆碗状，如草莓；有的呈倒圆锥状，如莲；也有些植物的花托会呈现凹陷的杯状，如月季；有的花托延伸成为雌雄蕊柄，在花冠以内的部分延伸成柄，称为雌雄蕊柄或两蕊柄，如西番莲；也有花托在花萼以内的部分伸长成花冠柄，如剪秋萝和某些石竹科植物。

花是植物的主要器官，也是植物的重要分类鉴别特征。根据花的构造状况，可分为完全花和不完全花两类。花由茎和叶两部分演化而成。总梗、花梗、花托及花盘等部位，由茎演化而成；花被片（花萼、花瓣）、雄蕊、雌蕊及苞片等，由叶演化而成。

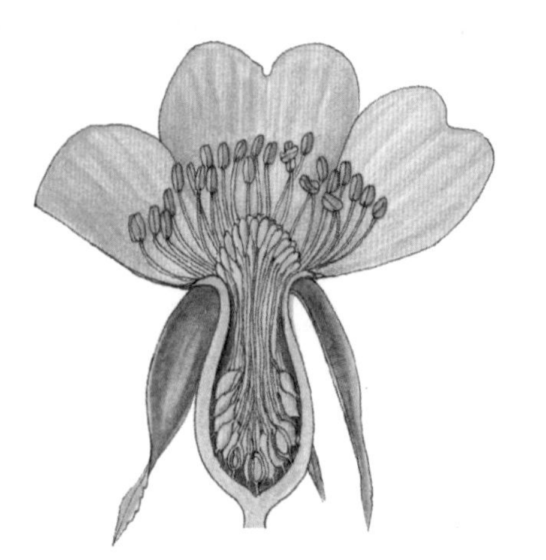

凹陷呈杯状
（蔷薇花托）

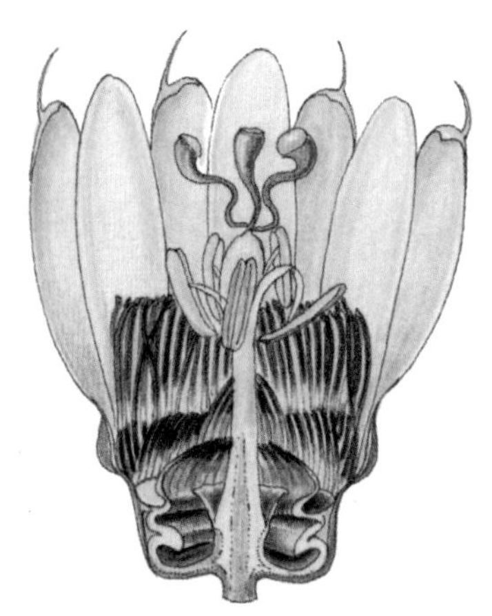

雄蕊柄、雌蕊柄
（西番莲花托）

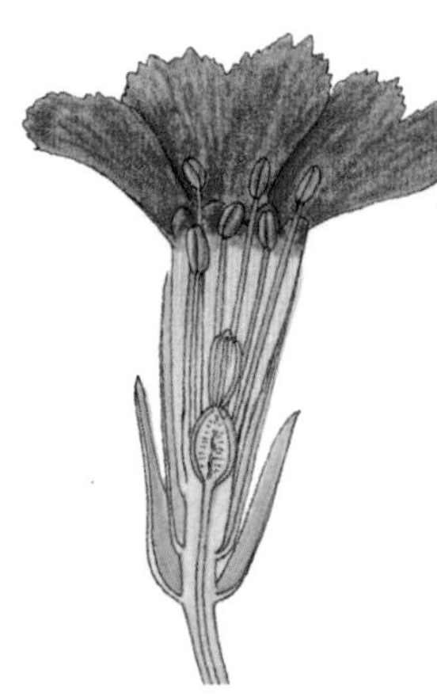

花冠柄
（剪秋萝花托）

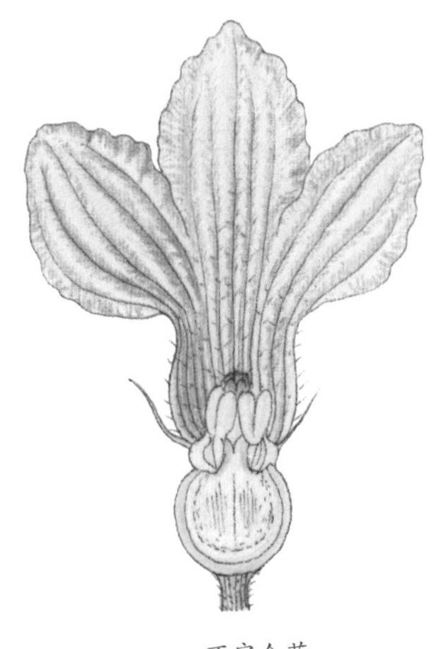
不完全花
（南瓜雌花）

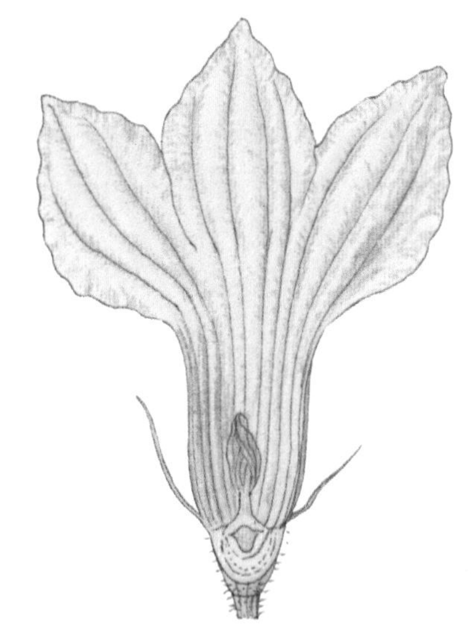
不完全花
（南瓜雄花）

花被

花被是花萼和花冠的总称，由扁平状瓣片组成，着生在花托的外围或边缘部。花瓣的形态、数目、排列与联合情况的不同常使花冠形成特定的形状，而花冠的形状往往成为不同类别植物所特有的特征。花萼包被在花的最外层，其形态和构造与叶片相似。

花被的结构包含花萼、花瓣、雄蕊和雌蕊的称为完全花，如杏；同时具有雌蕊和雄蕊的称为两性花；缺少雌蕊或者雄蕊的称为单性花，其中仅有雄蕊的称为雄花，仅有雌蕊的称为雌花；有花被没有花蕊的称为无性花或者中性花。雌花与雄花生长在同一个植株上的称为雌雄同株，如黄瓜；雌花与雄花不在同一植株上的称为雌雄异株，如杨；单性花与两性花同生长在一个植株上的称为杂性同株，如柿。

根据其形态和作用的不同，花被大致可以分为单被花、两被花、同被花和无被花。

完全花
（虞美人）

044 / 单被花

只有花萼或只有花瓣的被称为单被花，大致可分为萼状花被（花被绿色，类似花萼，例如大麻）、冠状花被（花被彩色，类似花冠，例如玉兰、郁金香等）

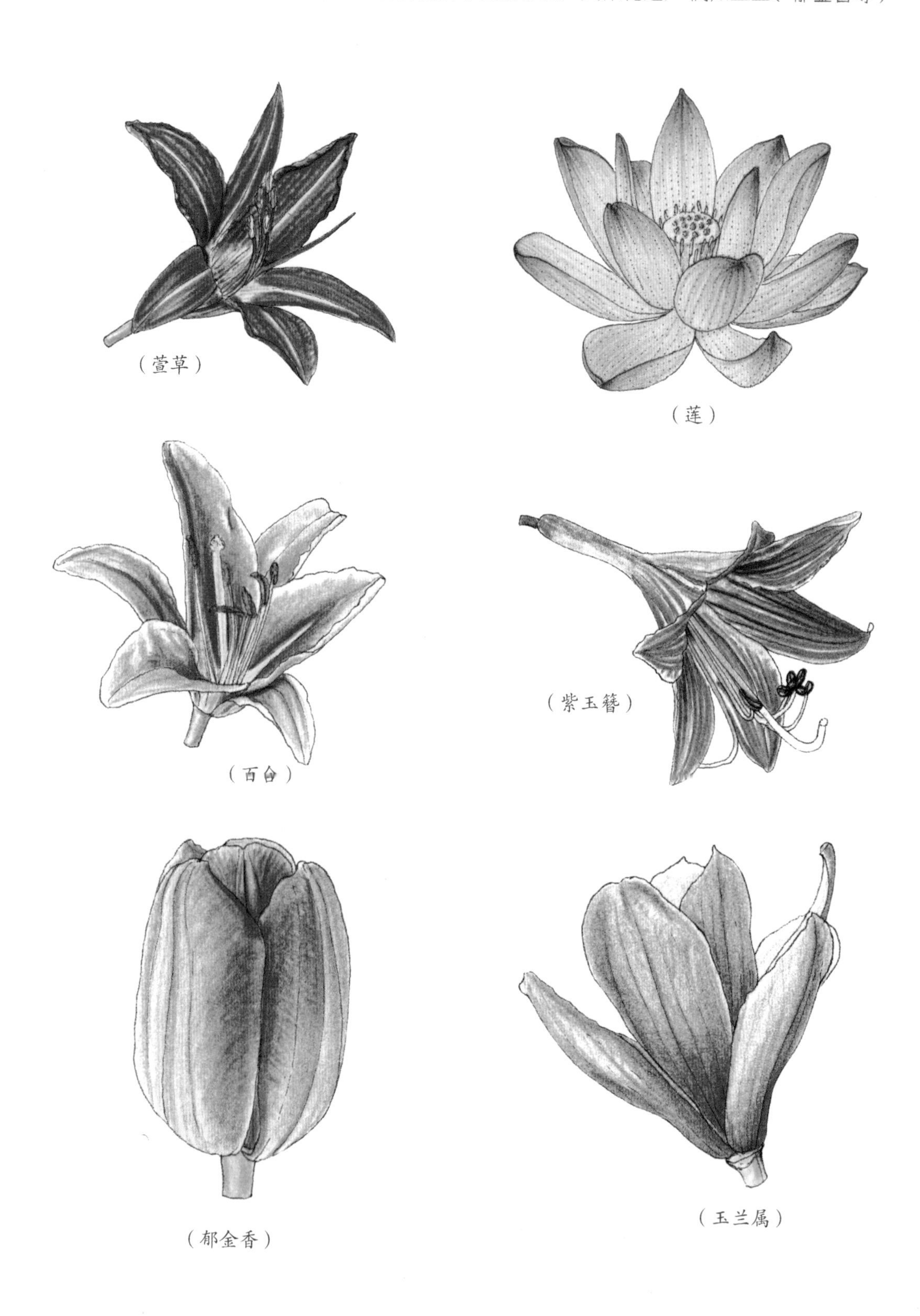

（萱草）

（莲）

（百合）

（紫玉簪）

（郁金香）

（玉兰属）

萼状花被
（昙花）

萼状花被
（量天尺）

冠状花被
（荞麦）

萼状花被
（大麻）

冠状花被
（可乐果）

冠状花被
（野百合）

046 两被花

有明显的花萼与花冠的称为两被花，例如芍药、凌霄等

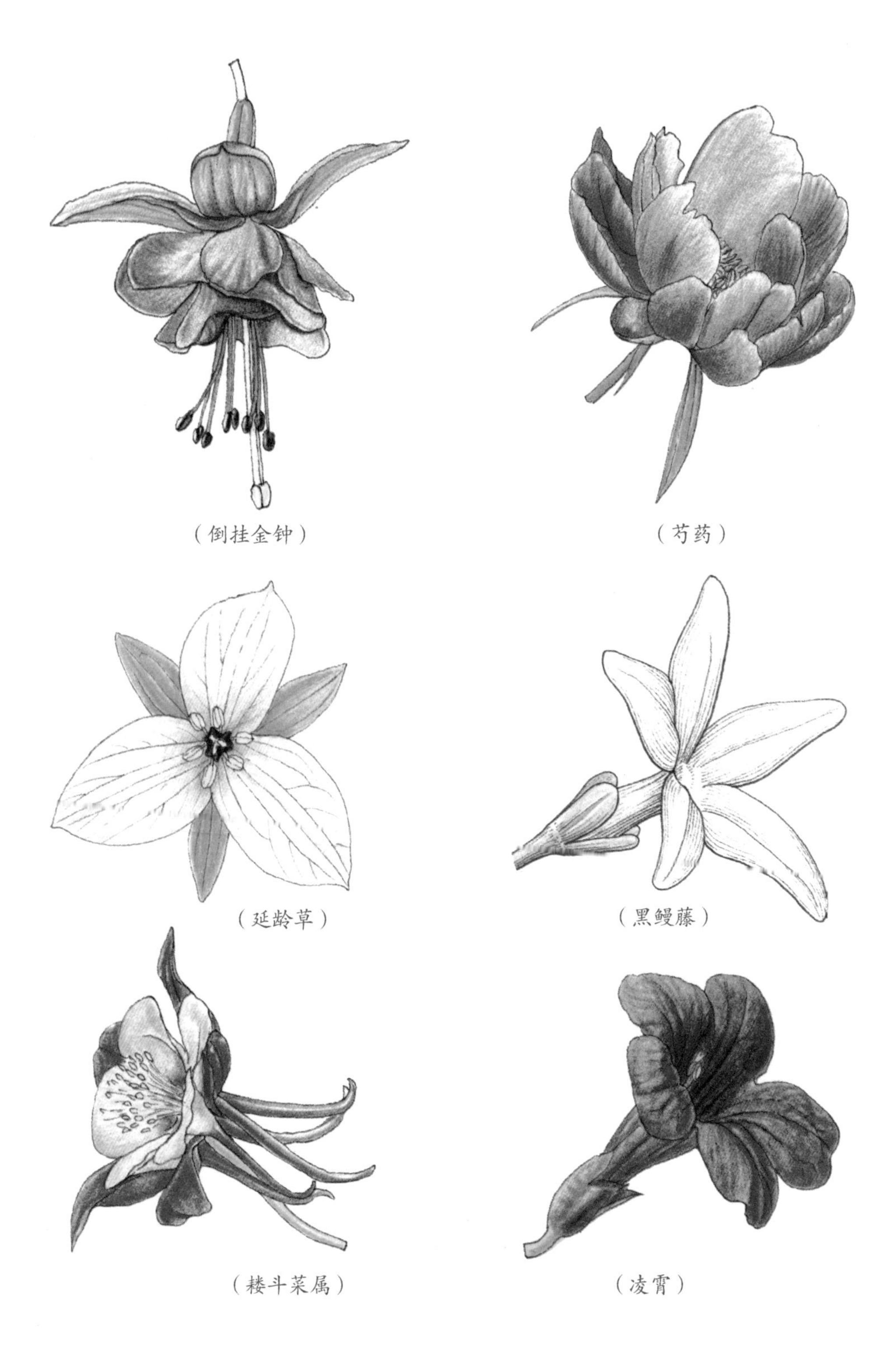

（倒挂金钟）

（芍药）

（延龄草）

（黑鳗藤）

（耧斗菜属）

（凌霄）

花被有两轮，花萼与花冠的形态和颜色都无法区分的称为同被花，每一个瓣片都可以叫作花被片，如百合、丝兰

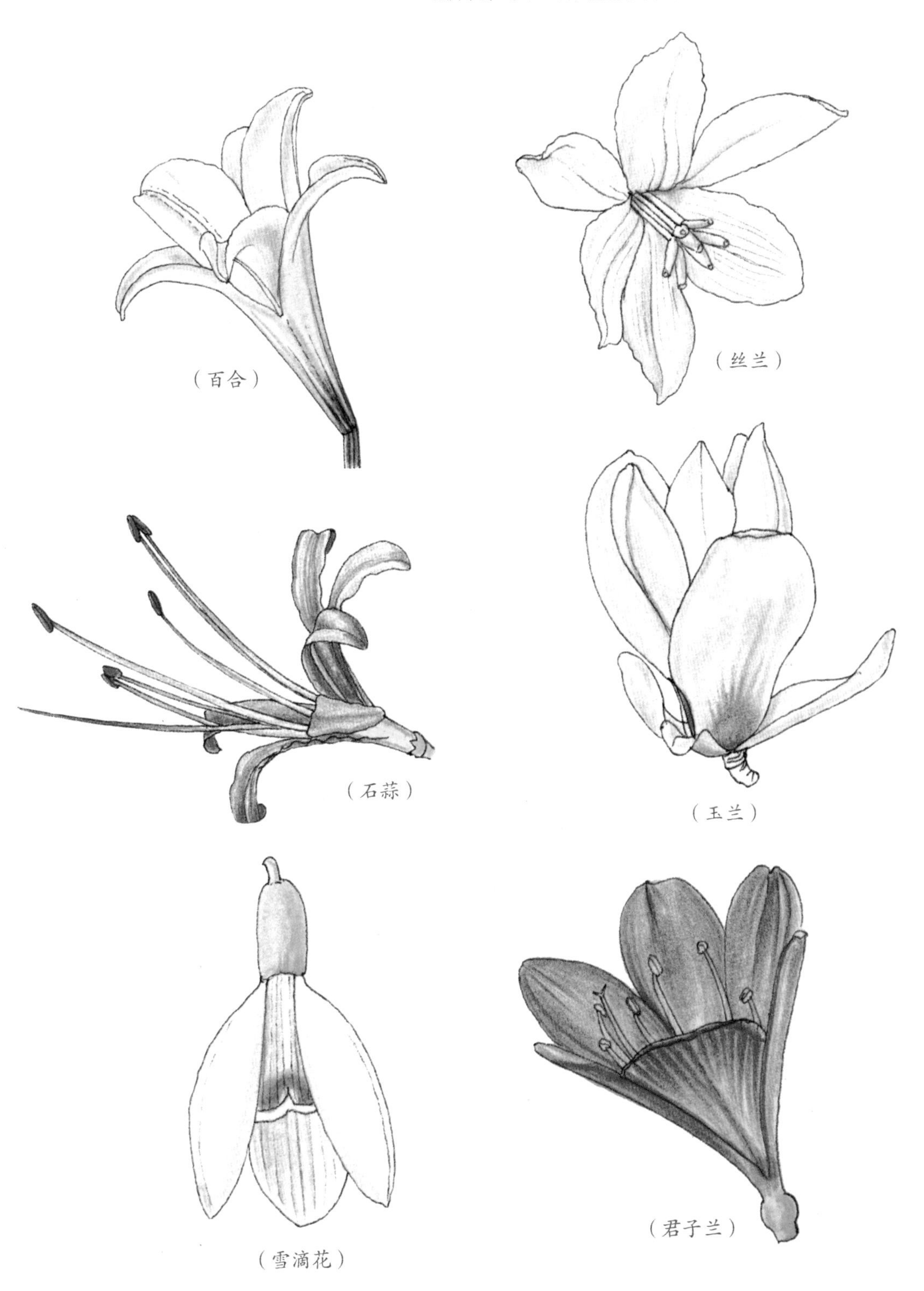
（百合）
（丝兰）
（石蒜）
（玉兰）
（雪滴花）
（君子兰）

无被花

没有花萼与花冠的称为无被花（裸花），这类植物都是通过风媒进行传粉，例如柳树、榆、榛等

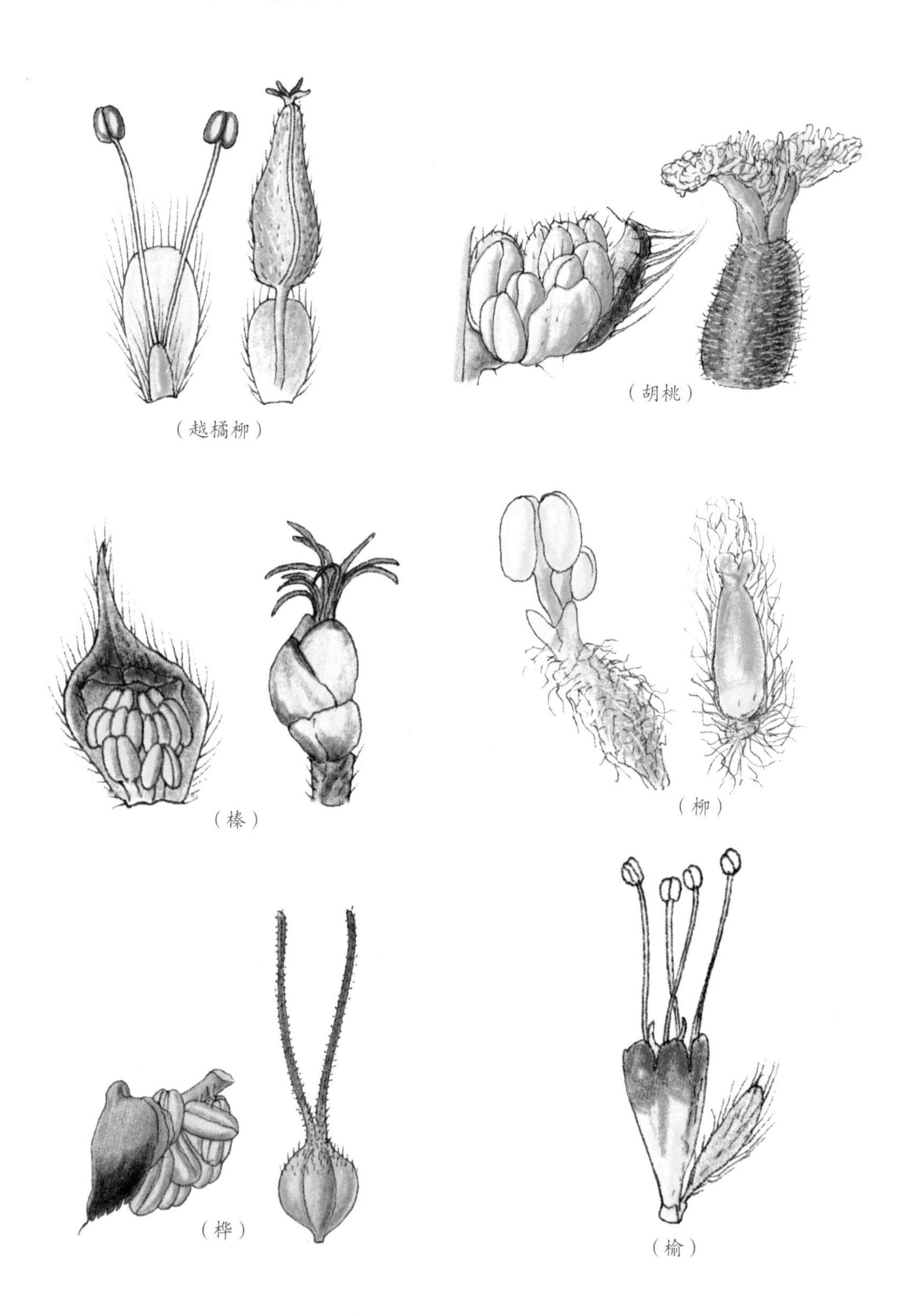

花萼

花萼生长在花托的上面，是花的最外一轮叶状结构，由多片萼片组成，大多是绿色。萼片有的合生在一起，有的分离生长，通常排成一轮，也有的排成两轮。花萼的形状和种类有很多。

花萼类型

花萼互相分离的，叫离片花萼；上端裂成很多片，下部互相结合的，叫合片花萼；各片大小形状相等的，叫整齐花萼；各片大小形状不同的，叫不整齐花萼；各片离生而整齐的，叫整齐离片花萼；各片离生而不整齐的，叫不整齐离片花萼；各片合生而整齐的，叫整齐合片花萼；各片合生而裂片不整齐的，叫不整齐合片花萼

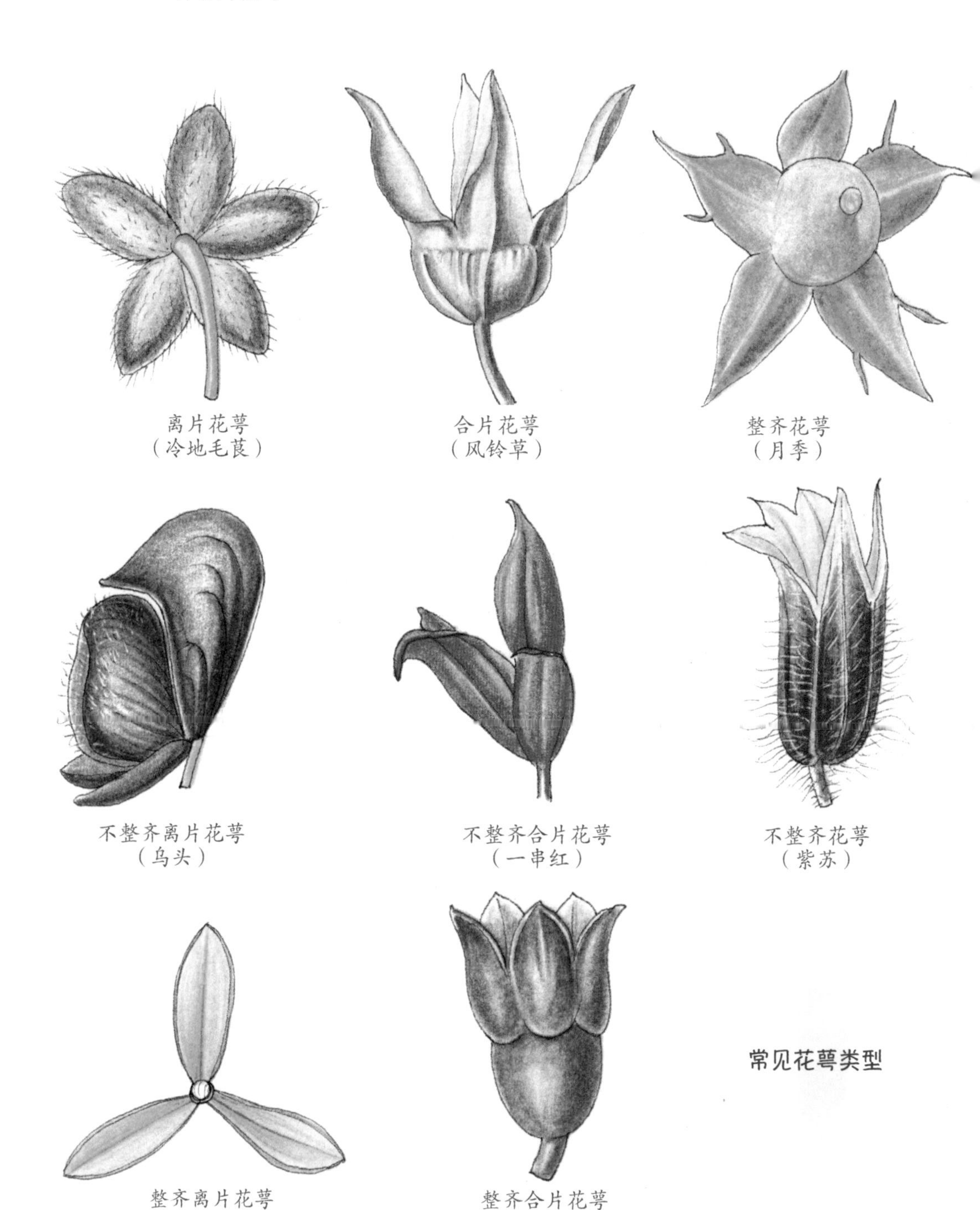

常见花萼类型

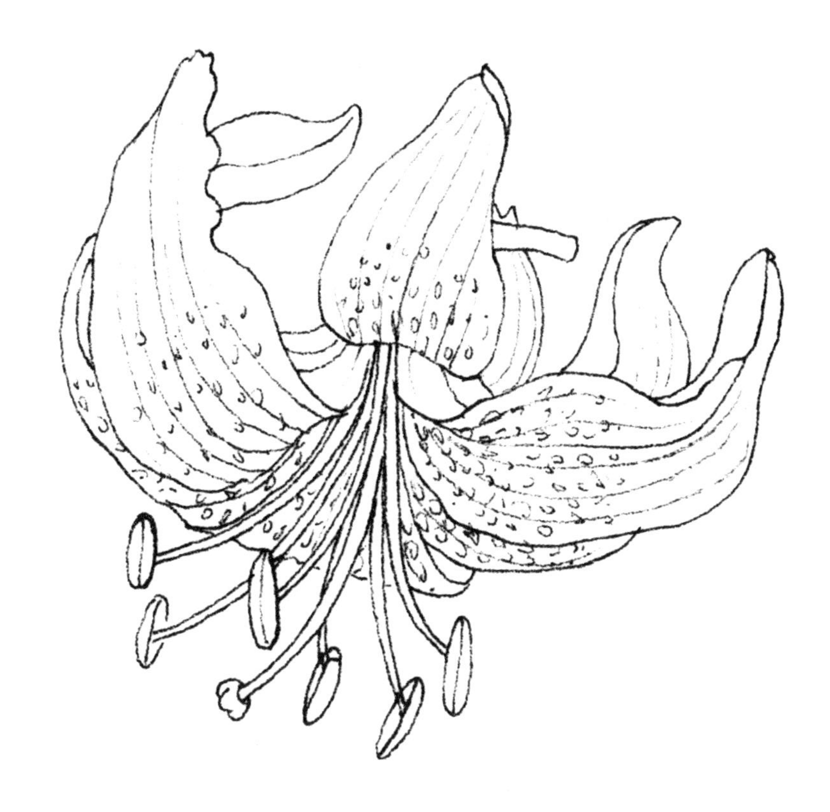

花冠

花冠是一朵花中所有花瓣的总称，由多片花瓣组成，位于花萼的上方或内方，排列成一轮或者多轮，多具有鲜亮的色彩。

花瓣合生在一起的成为合瓣花。同一形状和大小的花瓣结合在一起，为整齐合瓣花冠。不同形状和大小的花瓣结合在一起，为不整齐合瓣花冠。

花瓣分离生长的称为离瓣花。花瓣的形状和大小相等而离生的，为整齐离瓣花冠。花瓣的形状和大小不同而离生的，为不整齐离瓣花冠。

很多花冠都是整齐花冠的花瓣，不论离瓣或者合瓣，其大小是相等的，左右也是对称的，整体呈一个圆形。

由于植物的种类繁多，不同植物的花萼与花冠在外部形态、颜色和大小方面有很大的区别，花冠的形状就有很多种，根据其本身的形状有以下类型：十字花冠、石竹形花冠、蔷薇花冠、蝶形花冠、假蝶形花冠、头状花冠、百合形花冠、钟状花冠、筒状花冠、漏斗状花冠、高盆状花冠、膨大花冠、唇形花冠、平展花冠、鞋状花冠、具盔状花冠、具龙骨状花冠、壶状花冠、冠状花冠、舌状花冠、具浆片花冠、假面状花冠、有距花冠、折扇状花冠、前伸花冠、反折状花冠、开口花冠、囊状花冠等。

整齐合瓣花冠

花瓣合生在一起的成为合瓣花。同一形状和大小的花瓣结合在一起

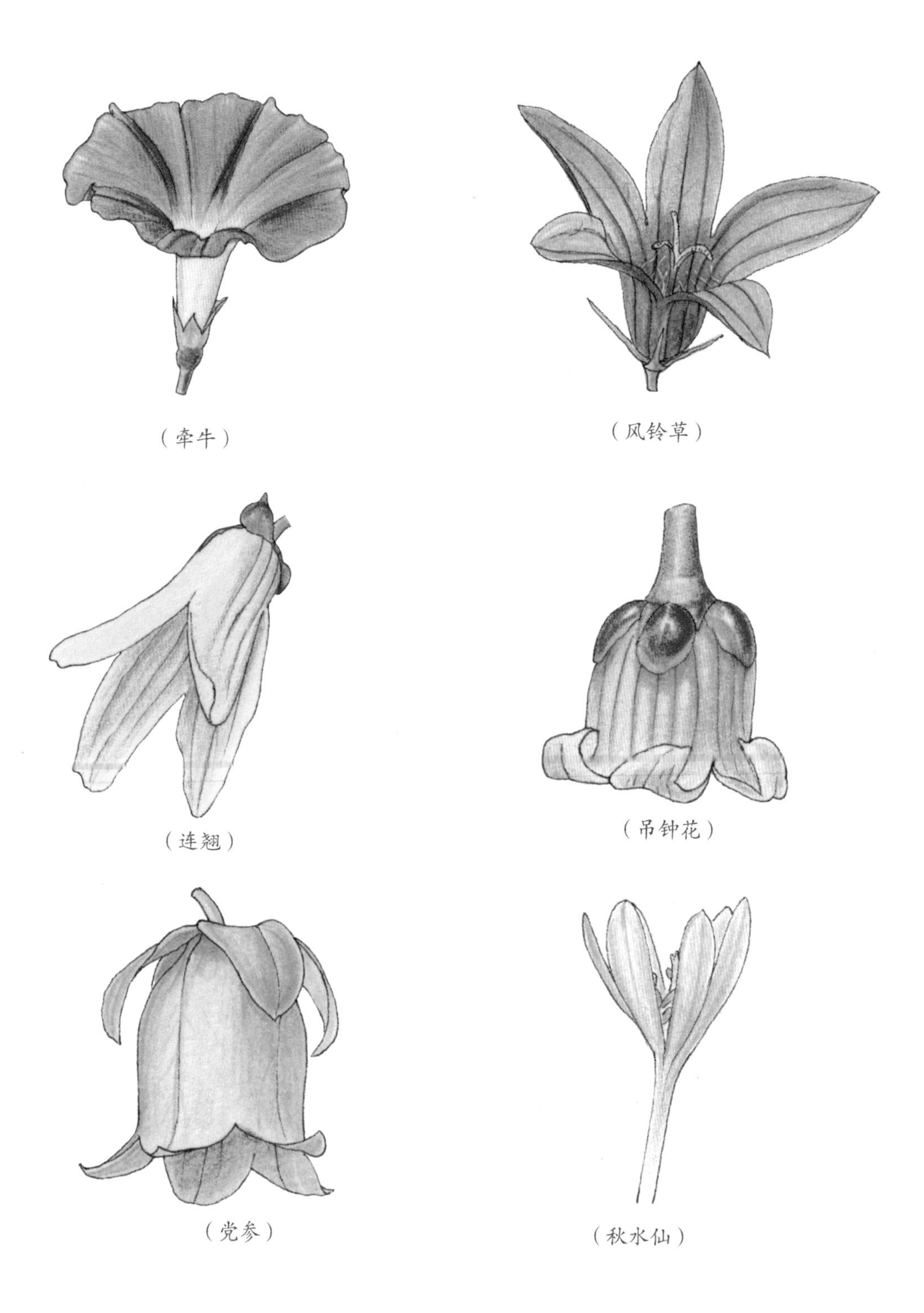

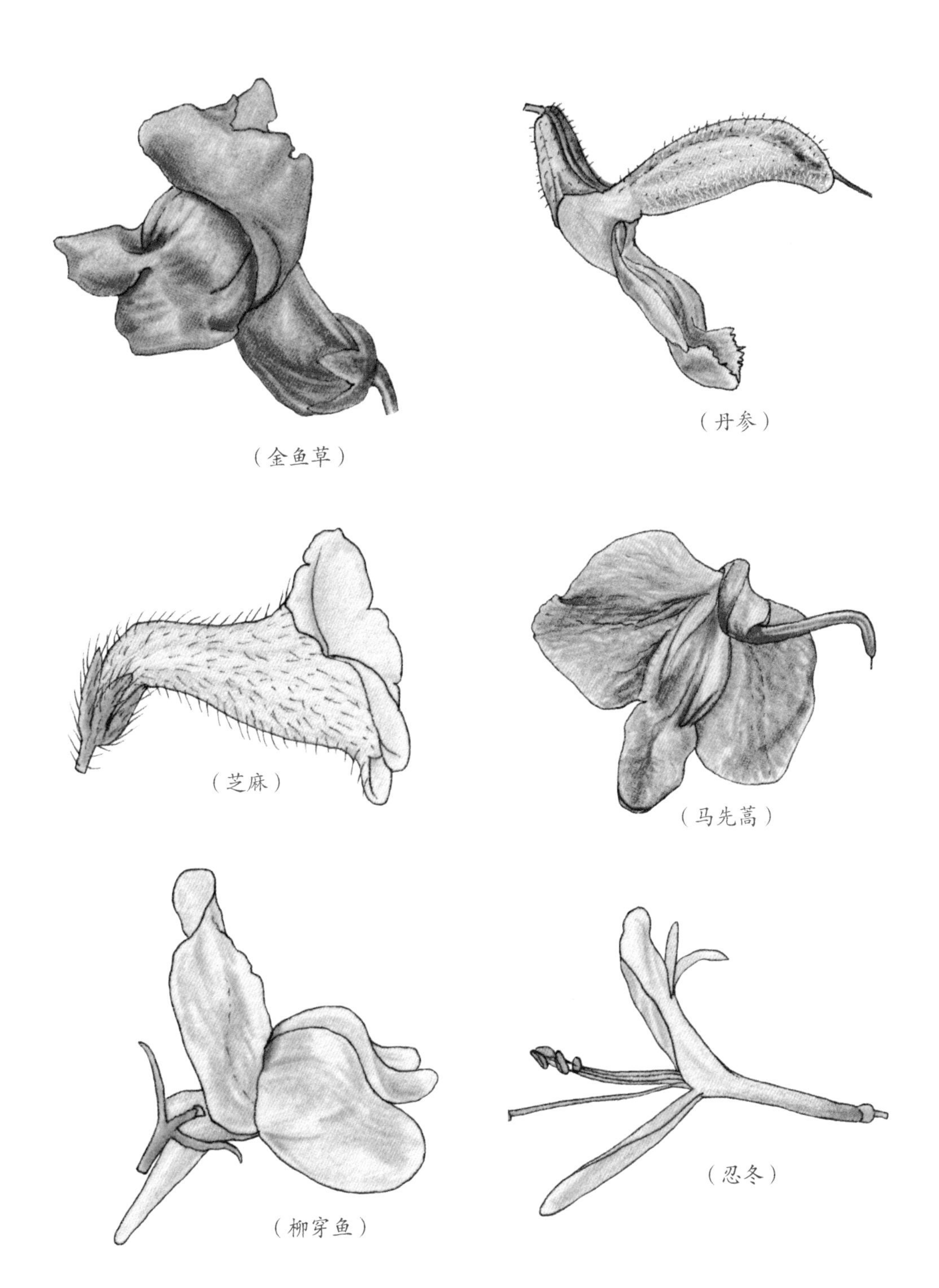

（金鱼草）

（丹参）

（芝麻）

（马先蒿）

（柳穿鱼）

（忍冬）

整齐离瓣花冠

花瓣的形状和大小相等而离生的

（百合属）

（睡莲）

（荇菜）

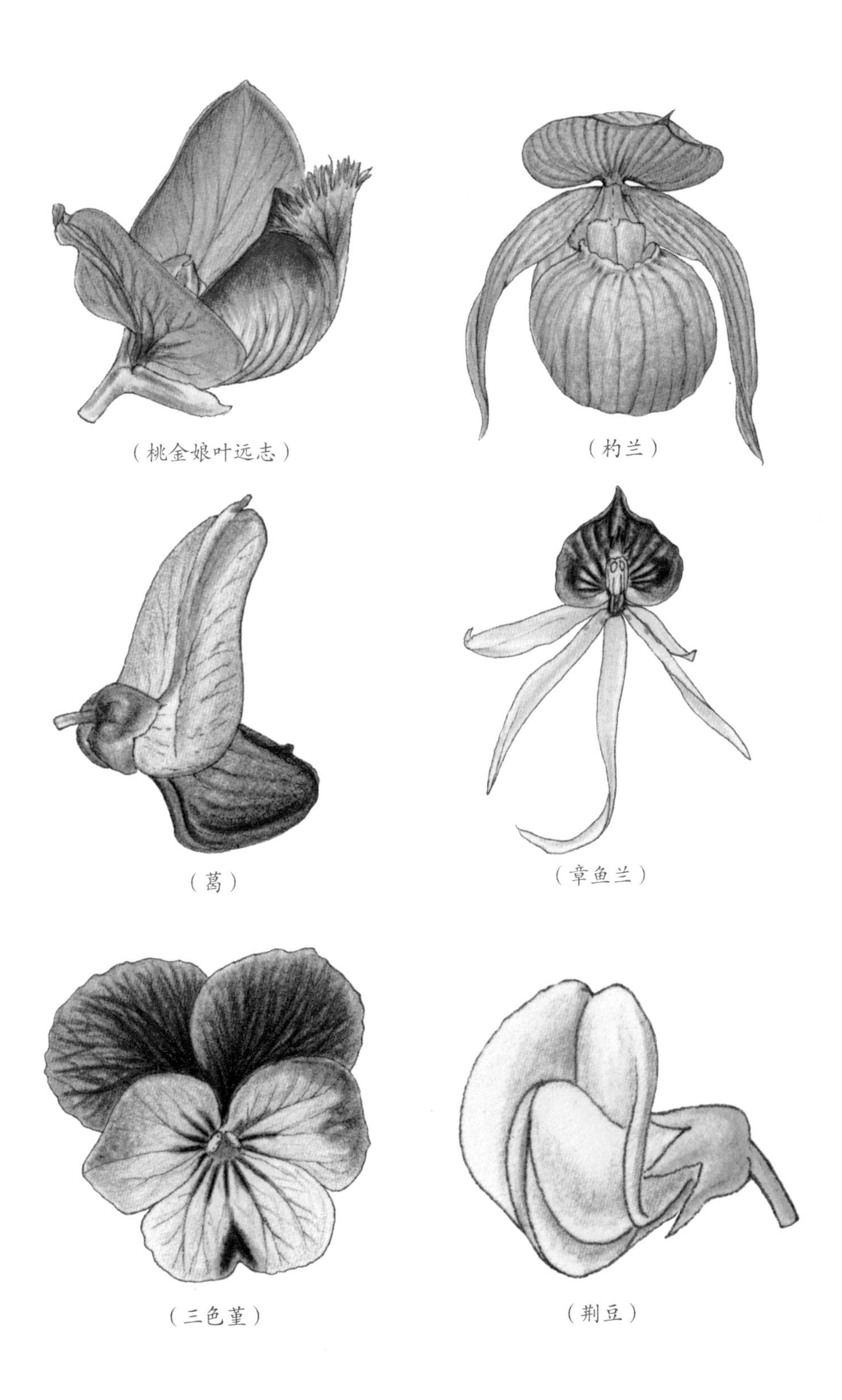

（桃金娘叶远志）

（杓兰）

（葛）

（章鱼兰）

（三色堇）

（荆豆）

十字花冠

花瓣4，具爪，排列成十字形，瓣爪直立，檐部平展成十字形，为十字花科植物的典型花冠类型

（诸葛菜）

（油菜）

（萝卜）

（白菜）

（菥蓂）

（糖芥）

花冠的一种类型。花冠筒呈倒圆锥状，向上至冠檐逐渐扩大成漏斗状

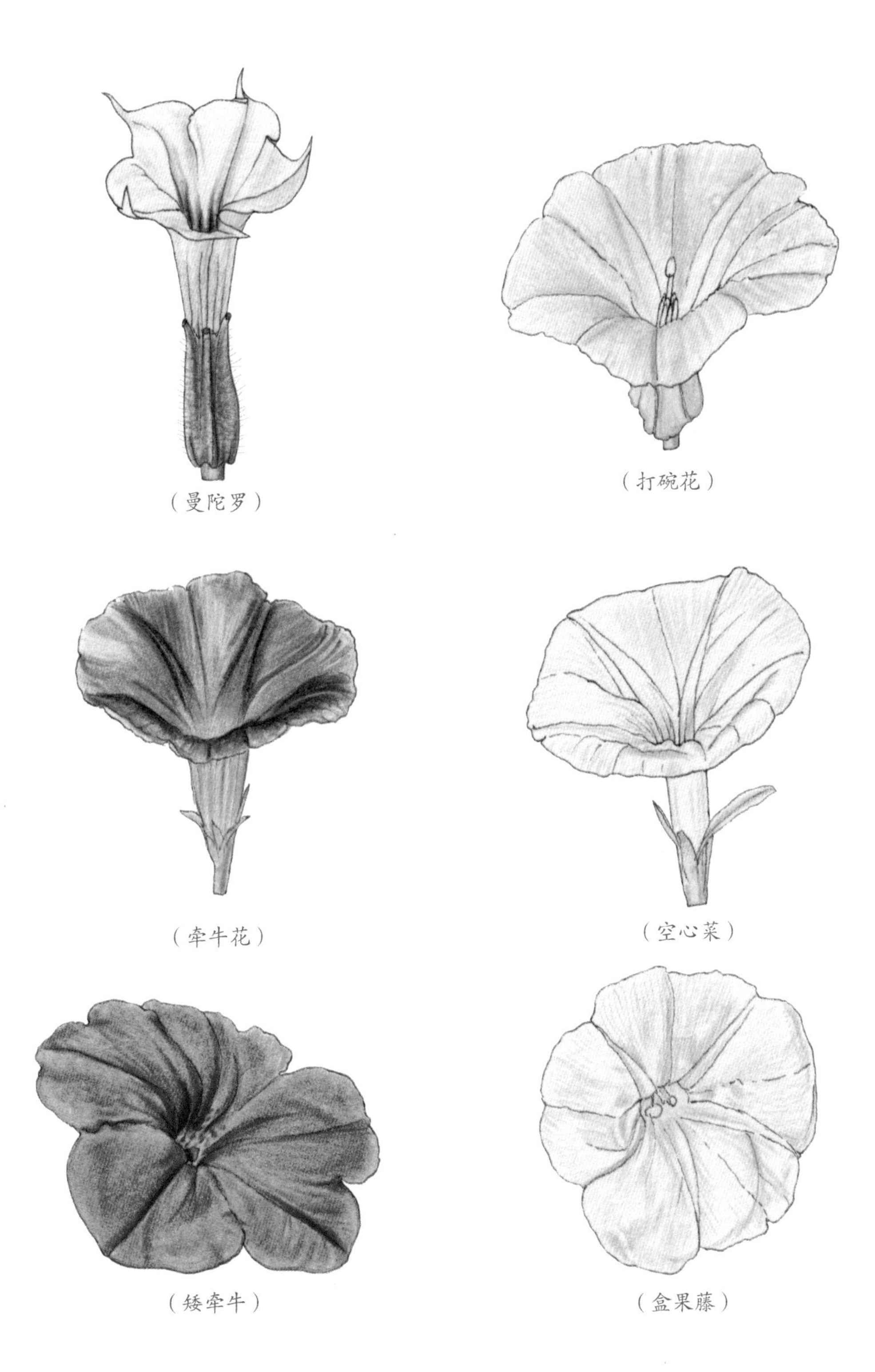

（曼陀罗）

（打碗花）

（牵牛花）

（空心菜）

（矮牵牛）

（盒果藤）

蝶形花冠

是由1枚旗瓣，2枚翼瓣和2枚龙骨瓣等共5枚花瓣组成的花冠，常见于豆科植物

假蝶形花冠

假蝶形花冠与蝶形花冠相似，但各瓣大小相反的一种花冠

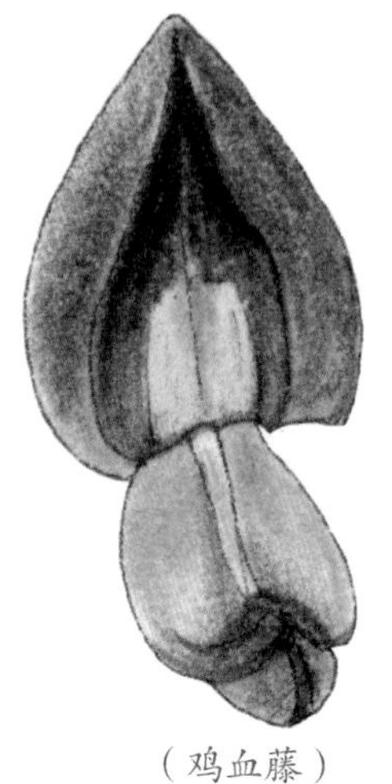

（鸡血藤）

（三点金）

（槐）

蝶形花冠

（云实）

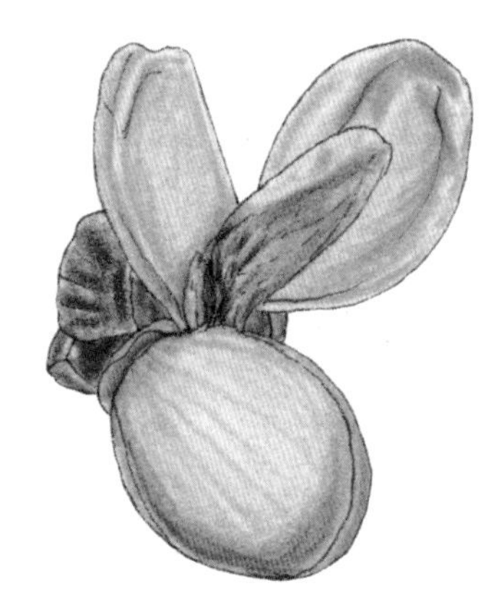

（紫荆）

假蝶形花冠

高脚蝶状花冠

花冠下部呈狭圆筒状，上部突呈水平状扩大，五裂。如水仙属植物

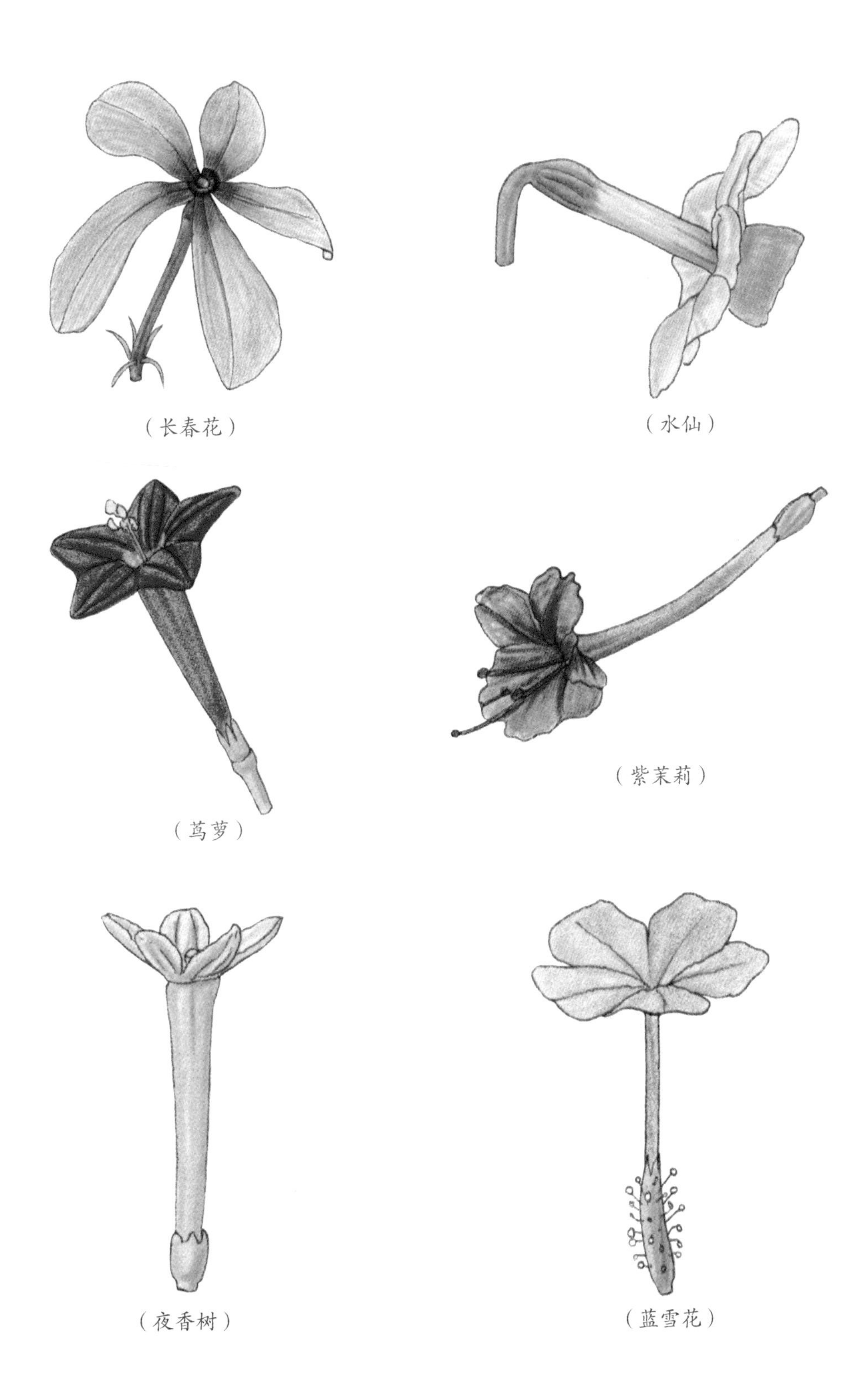

钟状花冠

花冠筒长宽近等，冠檐向外张开呈钟形。如桔梗

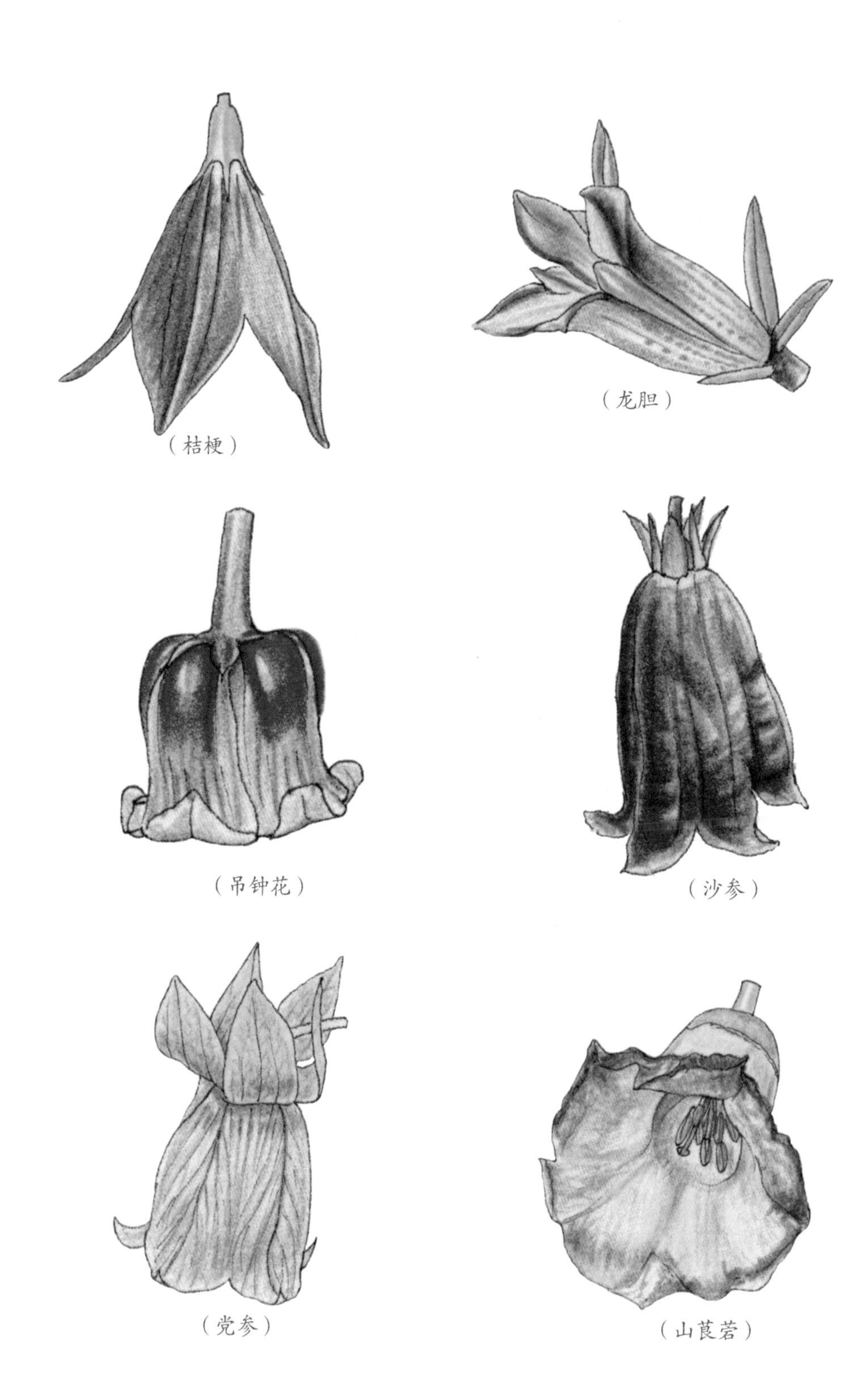

（长筒栀子花）

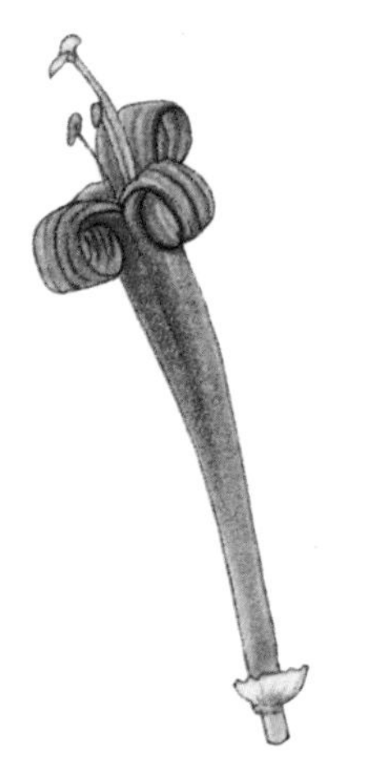
（炮仗花）

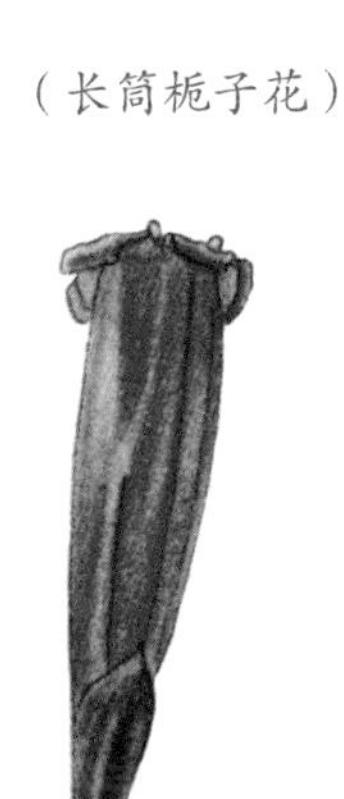
（火烧花）

（珊瑚苣苔）

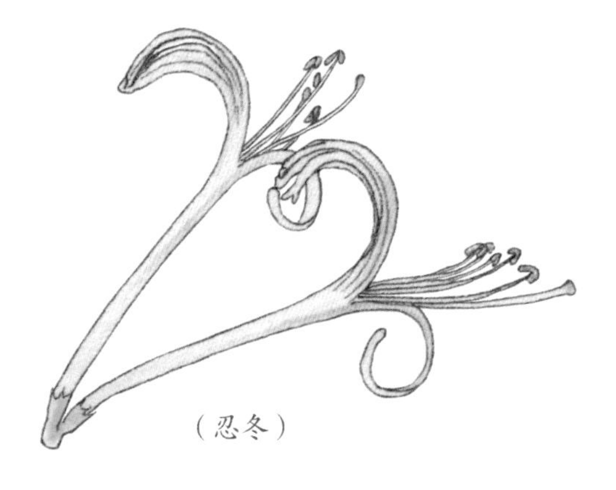
（忍冬）

（烟草）

壶（坛）状花冠

花冠筒膨大呈卵形或球形，形如罐状，中空，口部缢缩呈一短颈

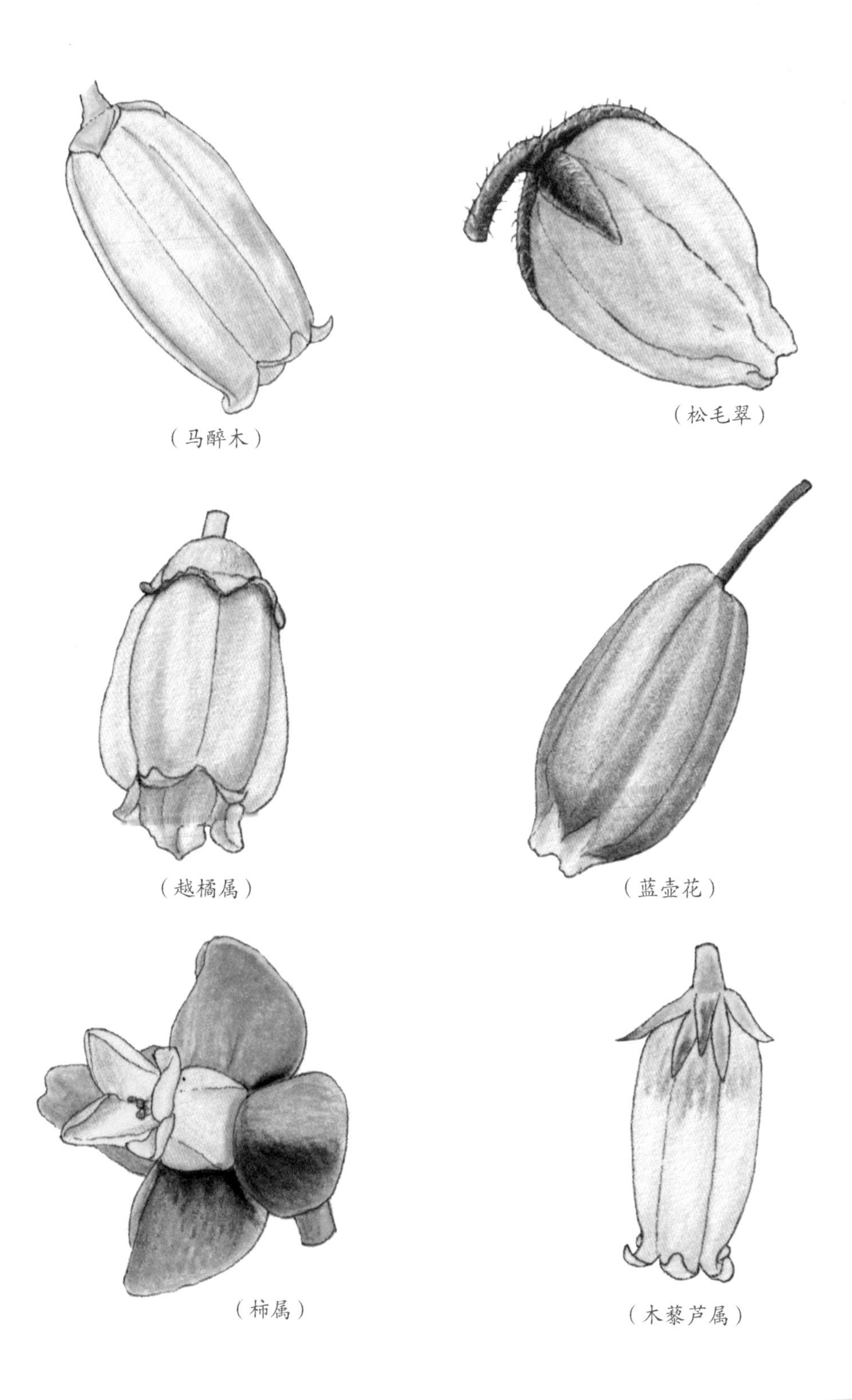

（马醉木）

（松毛翠）

（越橘属）

（蓝壶花）

（柿属）

（木藜芦属）

合瓣花冠的裂片平展，呈辐射状排列，花冠筒极短或无

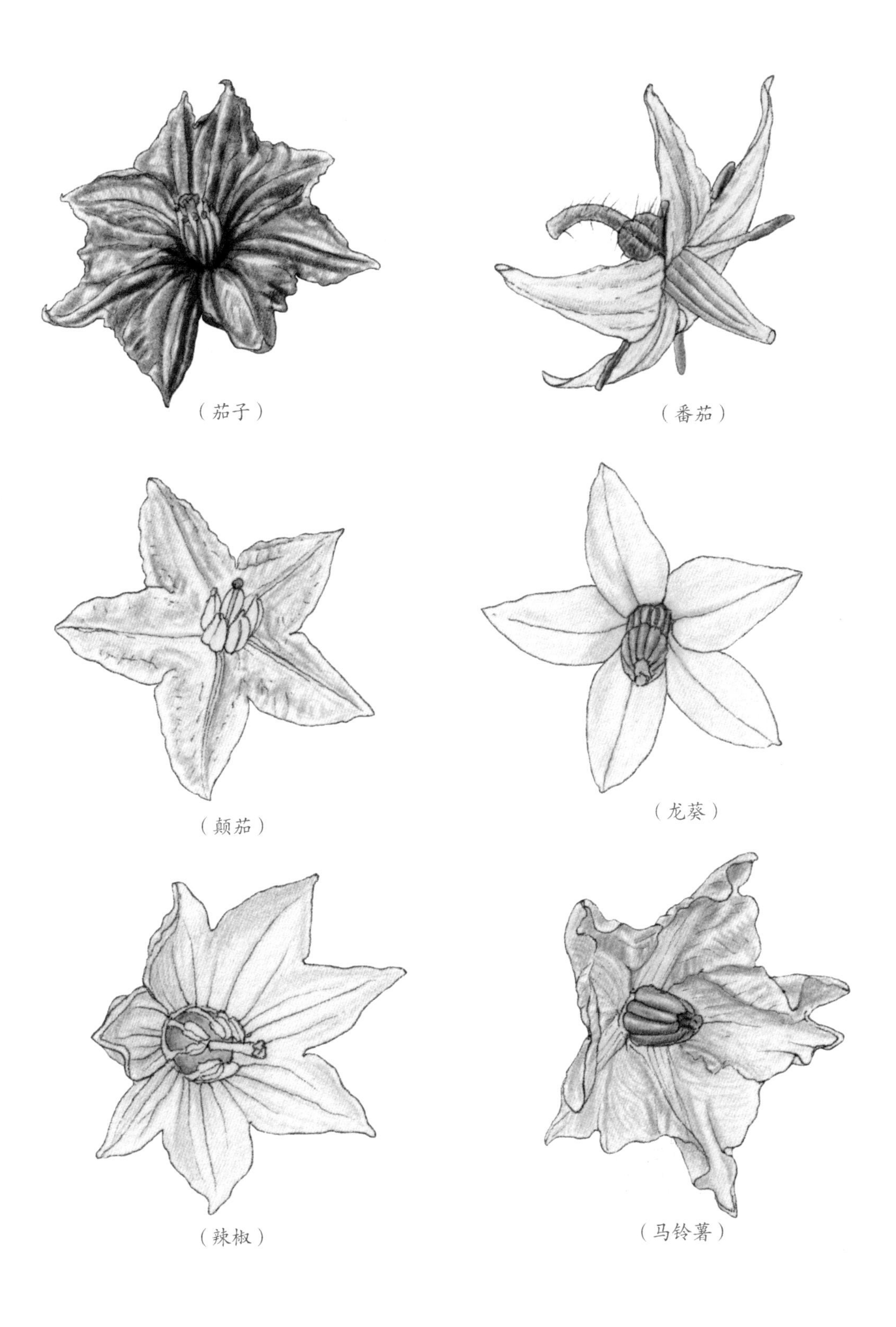

唇形花冠

花冠基部联合成筒状，底部分离成对称的二唇形，即上面由两个裂片合生为上唇，下面三个裂片结合构成下唇

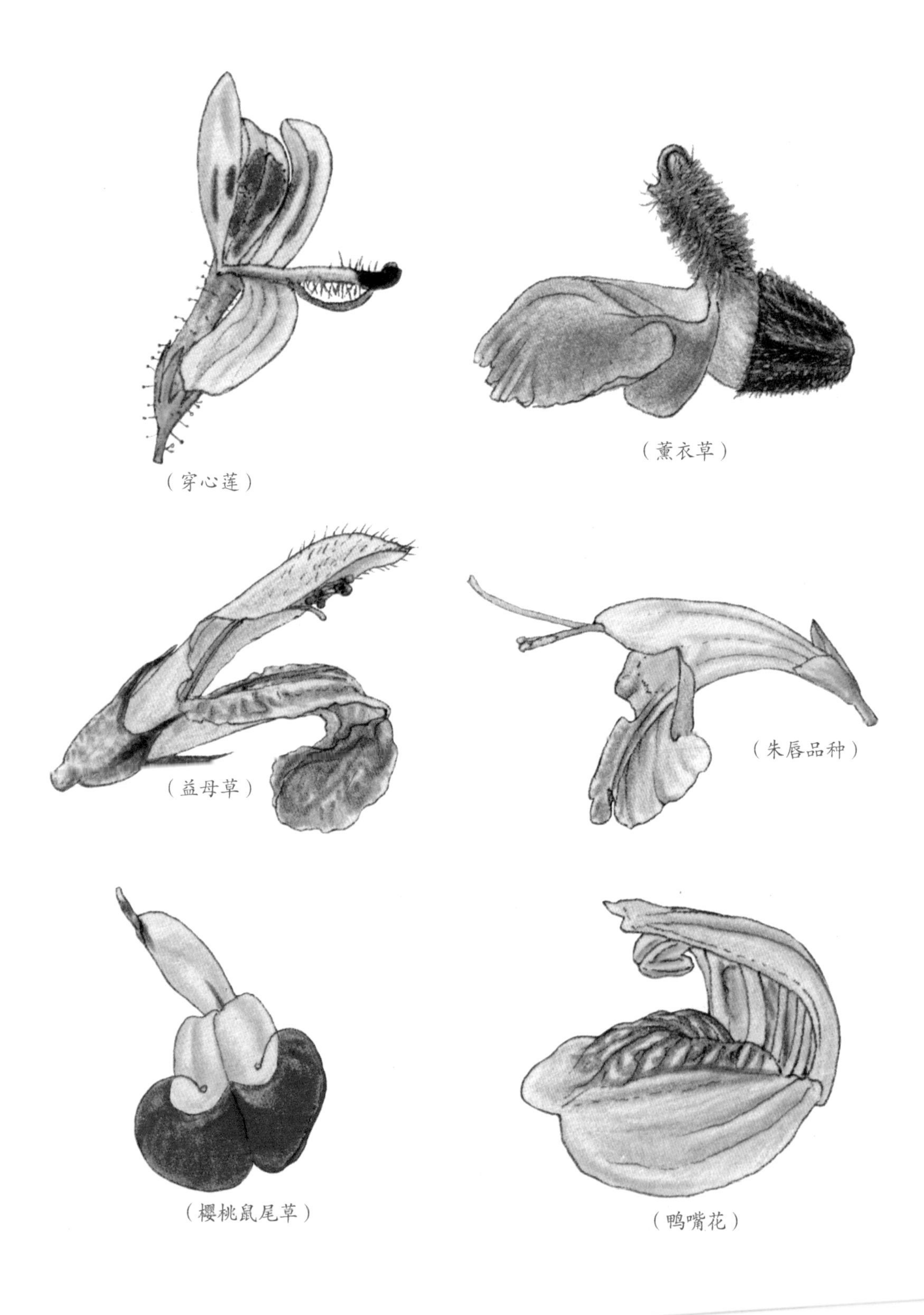

（穿心莲）

（薰衣草）

（益母草）

（朱唇品种）

（樱桃鼠尾草）

（鸭嘴花）

合瓣花冠的瓣片不等裂开，上唇呈弓形，下唇几乎靠近花冠口

（柳穿鱼）

（金鱼草）

（翠雀花）

（凤仙花）

（耧斗菜属）

（堇菜属）

舌状花冠

花裂片向一侧偏斜成扁平舌状。五个裂片，花冠基部合生成一短筒，管状花的次生结构

（白花鬼针草）

（向日葵）

（百日草）

（菊花）

（天人菊）

（蒲公英）

（黄金菊）

石竹形花冠

花瓣五片，各瓣有宽阔的舷与狭长的爪，舷与爪几成直角，爪皆隐藏于萼筒内

蔷薇形花冠

花瓣5片或更多，分离，呈辐射状对称排列

石竹形花冠

（山桃）

（狗蔷薇）

（梨）

蔷薇形花冠

鞋状花冠
（黄花老鸦嘴）

膨大花冠
（蒲包花）

平展花冠
（球兰）

盔状花冠
（夏枯草）

浅囊状花冠
（狸藻）

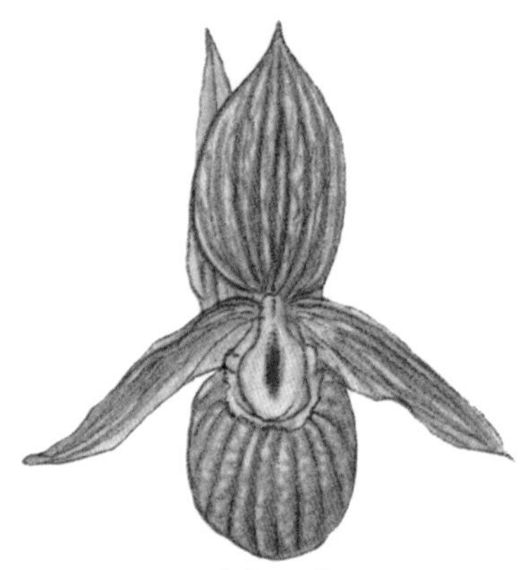

深囊状花冠
（杓兰）

龙骨状花冠
（豌豆）

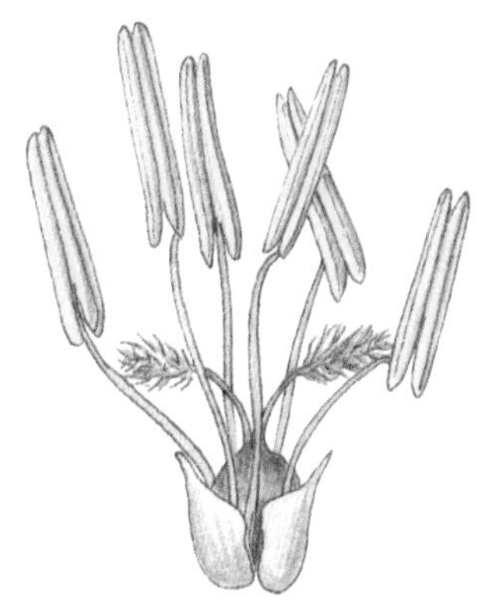

具浆片花冠
（水稻）

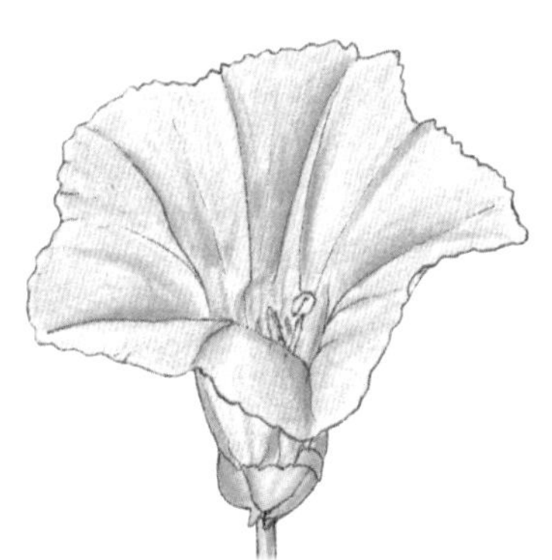

折扇状花冠
（田旋花）

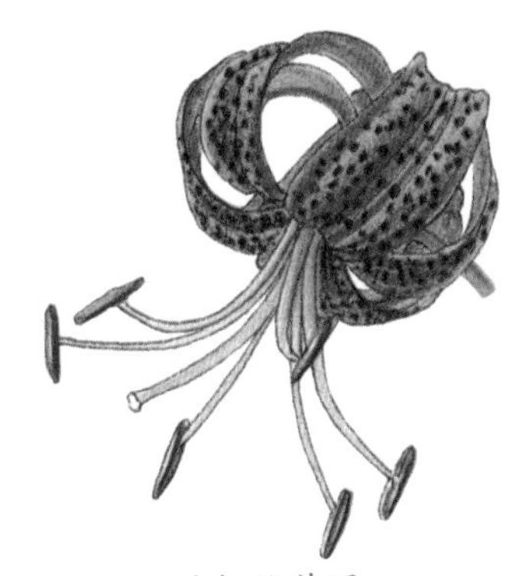

反折状花冠
（卷丹）

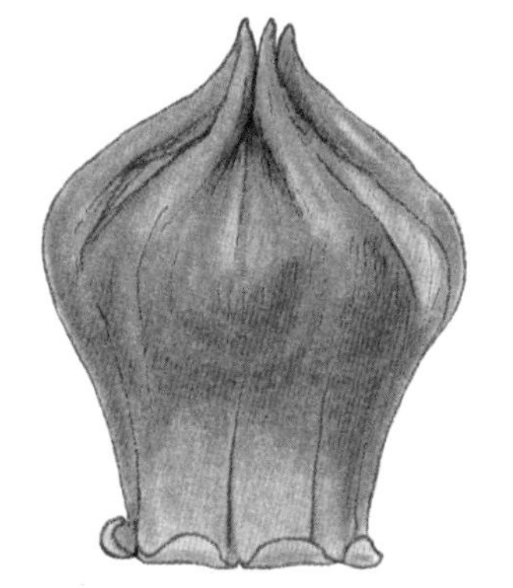

囊状花冠
（宫灯花）

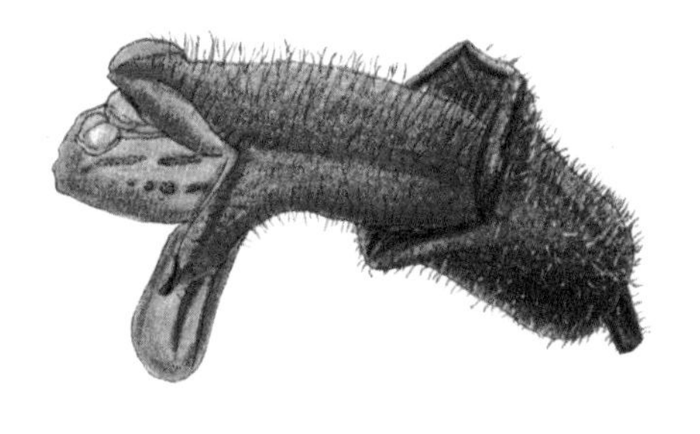

前伸花冠
（口红花）

雄蕊群

一朵花中的所有雄蕊称为雄蕊群，由多数或者一定数目的雄蕊组成。绝大多数雄蕊的形态结构分化为花丝与花药两部分。正常情况下，花药生长在花丝的顶端，分为基生（底生）花药、横生（丁字形）花药和侧生花药等多种类型。不同种类植物的花丝各不相同，一般细长或者短粗，有的花丝花瓣状，有的没有花丝。侧生花药又可分为内向花药和外向花药。花药开裂的方式有纵裂、横裂、孔裂、瓣裂。

雄蕊有的分离生长，有的联合生长。有的花丝会有不同程度的联合，形成单体雄蕊，二体雄蕊或多体雄蕊，有的花药联合而花丝分离，形成聚药雄蕊。林奈先生在其著作《自然系统》（*Systema Naturae*)书中，根据雄蕊的数目和相对长度，将开花的植物分成23个纲。只有一枚雄蕊的称为单雄蕊纲，如美人蕉；两枚雄蕊的称为双蕊纲，如连翘；20个雄蕊的称为多蕊纲，如罂粟。

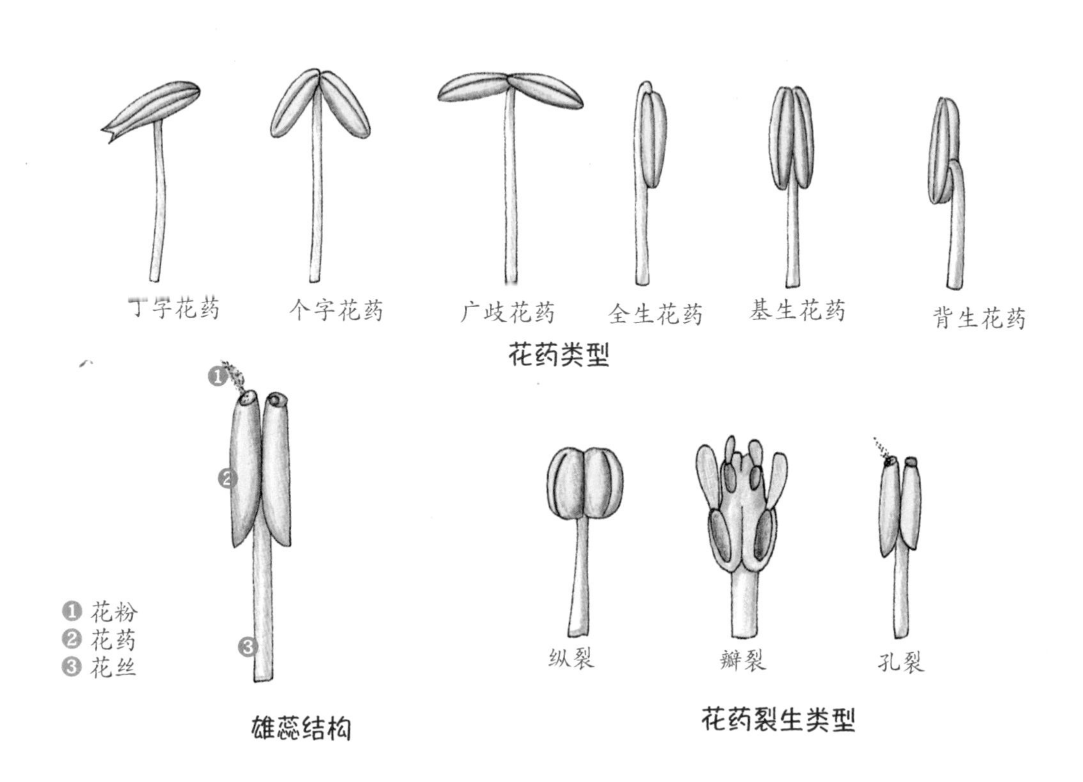

花药类型

雄蕊结构

花药裂生类型

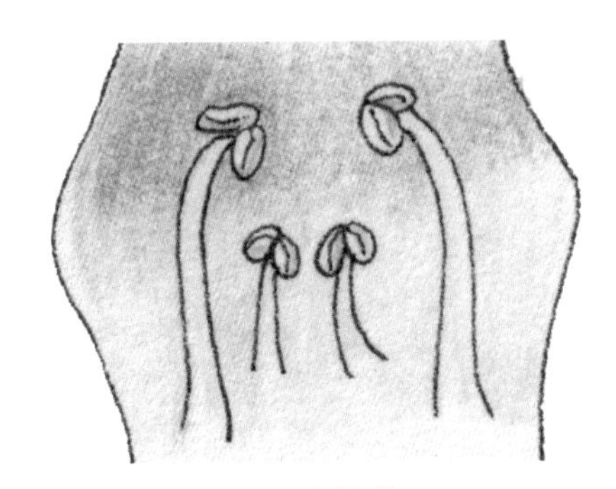
二强雄蕊

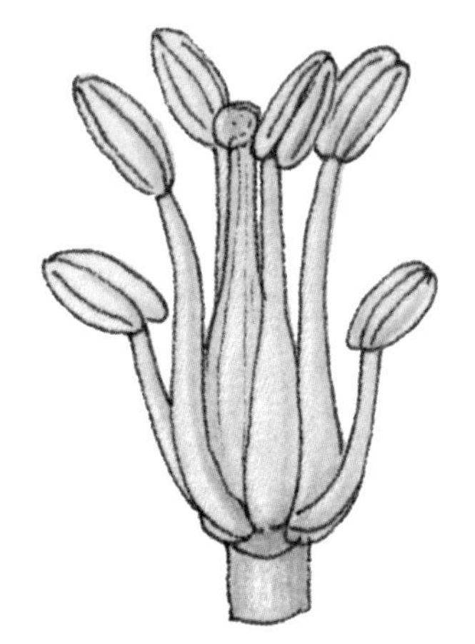
四强雄蕊

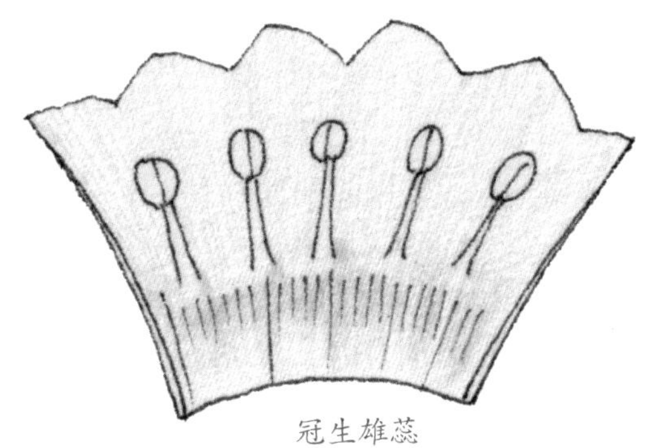
冠生雄蕊

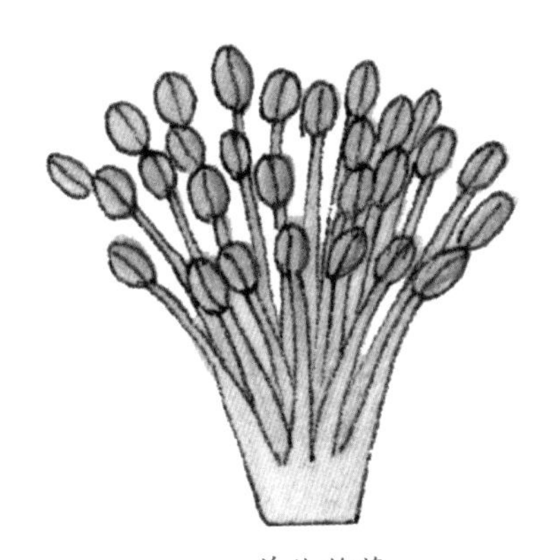
单体雄蕊

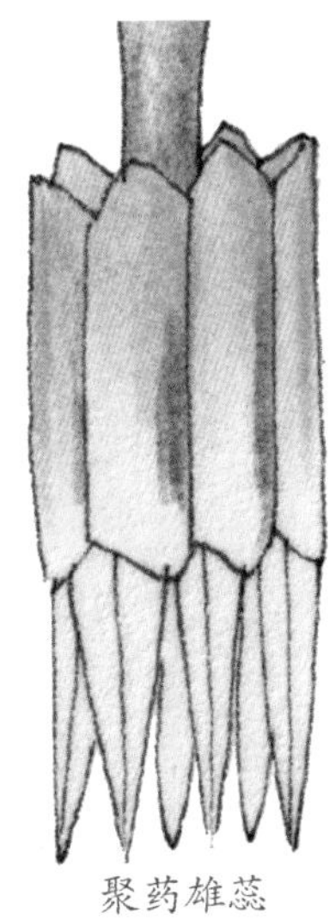
聚药雄蕊

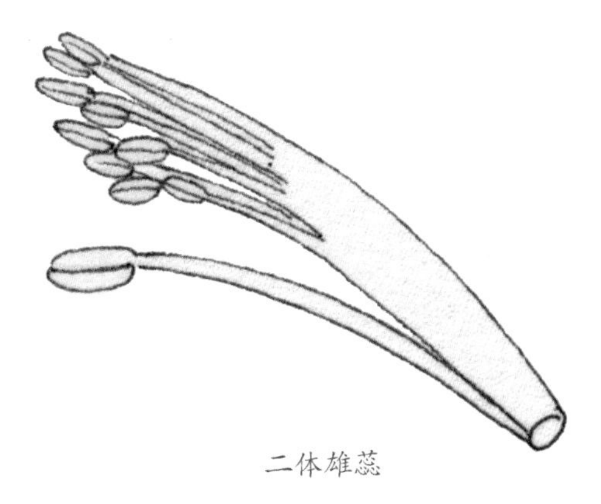
二体雄蕊

雌蕊群

一朵花中的所有雌蕊称为雌蕊群。在不同植物的一朵花中，可有一或者多枚雌蕊。

心皮

雌蕊的所有组成单位被称为心皮，是具有生殖作用的变态叶，是植物进化的产物，是被子植物特有的器官。分为单雌蕊、离生雌蕊、合生雌蕊（复雌蕊）。

雌蕊的结构

一般的雌蕊主要由子房、花柱和柱头3部分组成。

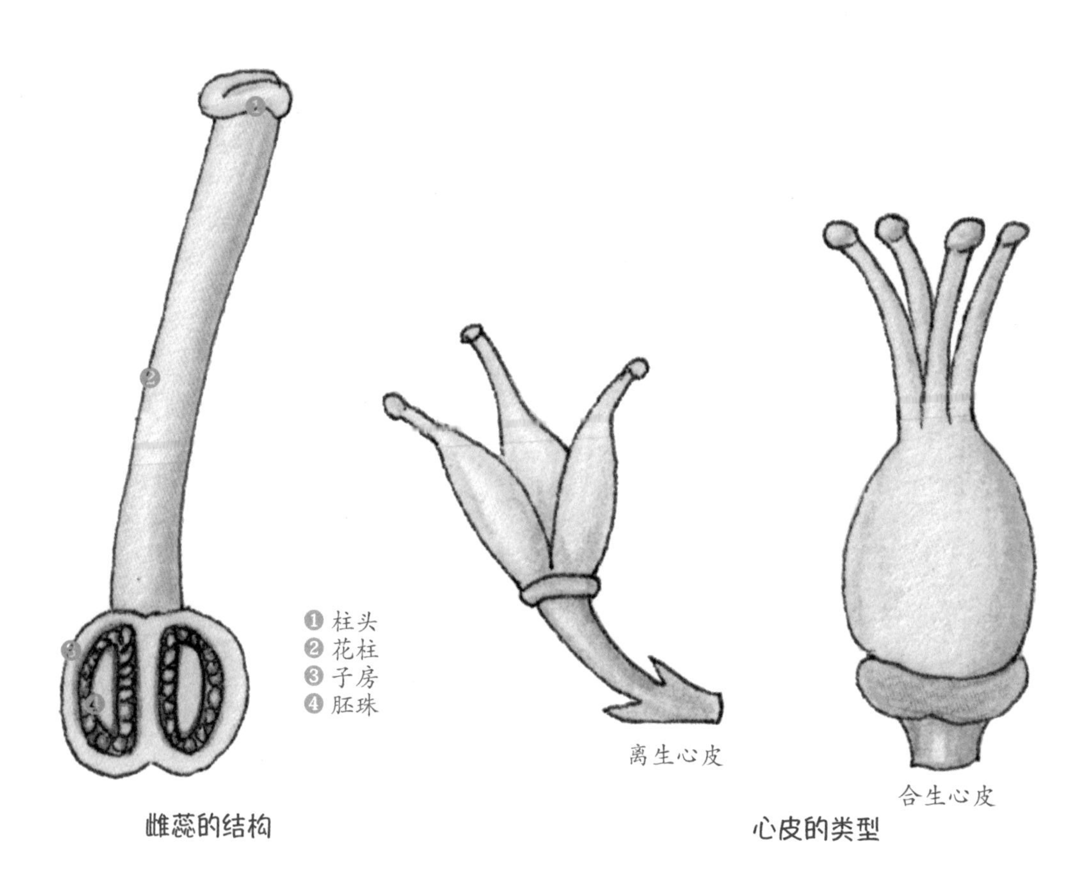

雌蕊的结构

心皮的类型

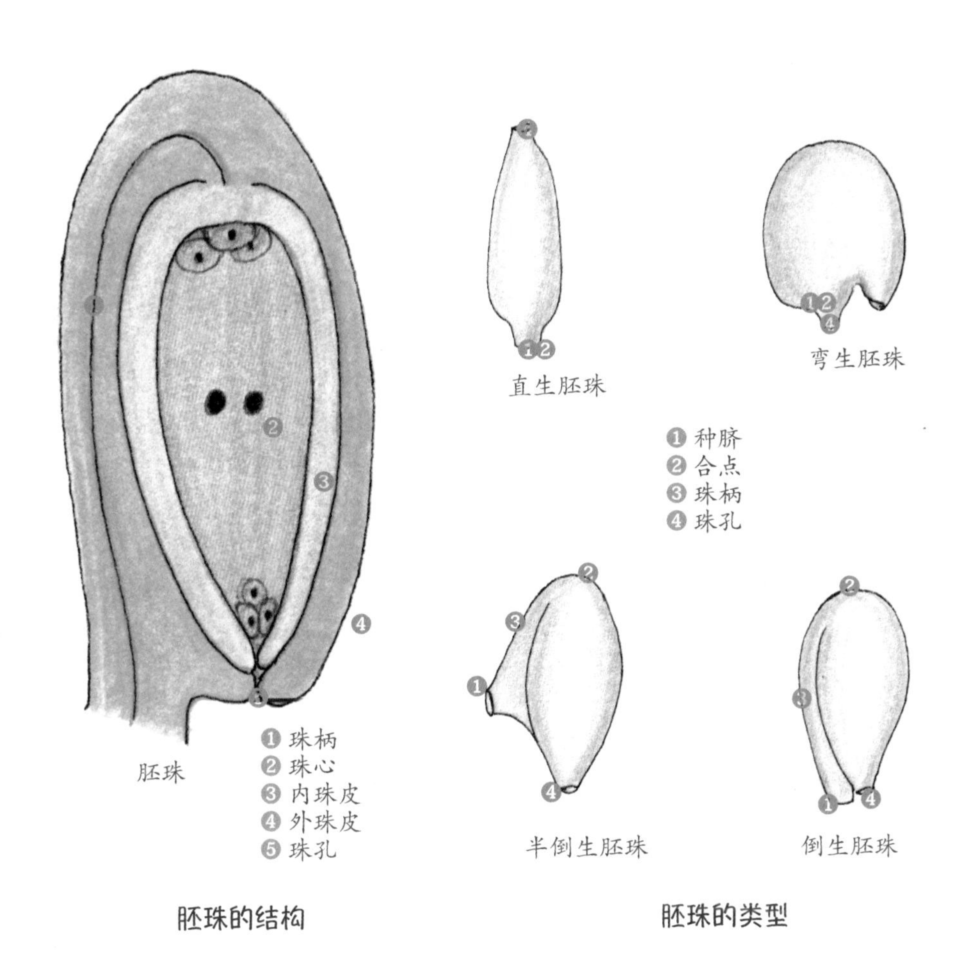

胚珠的结构　　胚珠的类型

子房

子房是雌蕊基部膨大的部分，着生在花托的顶部。

子房由子房壁和胚珠组成。当传粉受精后，子房发育成果实。子房壁最后发育成果皮，包裹着种子；有的种类形成果肉，如桃、苹果等。

胚珠生长在子房室内的心皮腹缝线处或者在中轴处，受精后可以发育为种子。胚珠由珠柄、珠被、珠心和胚囊等组成。

根据胚珠生长的状态，可分为直生胚珠、弯生胚珠、半倒生胚珠和倒生胚珠4种。

根据子房和其他花叶的位置关系可将子房分为三种类型：上位子房（子房仅底部与花托相连）、半下位子房（子房壁下部与花托愈合，花萼、花冠及雄蕊生于子房上半部的周围）、下位子房（凹陷的花托包围子房壁并与之愈合，仅花柱和柱头露在花托外）。相对于子房的位置，花的位置也有上位花、下位花和周位花等。

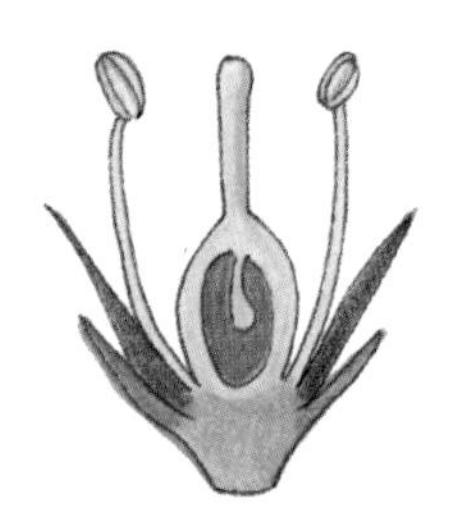
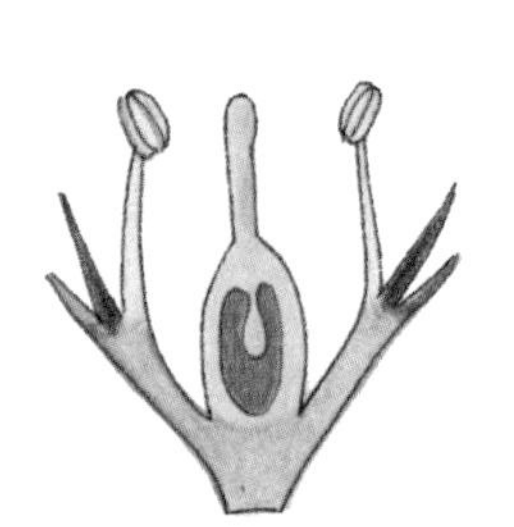
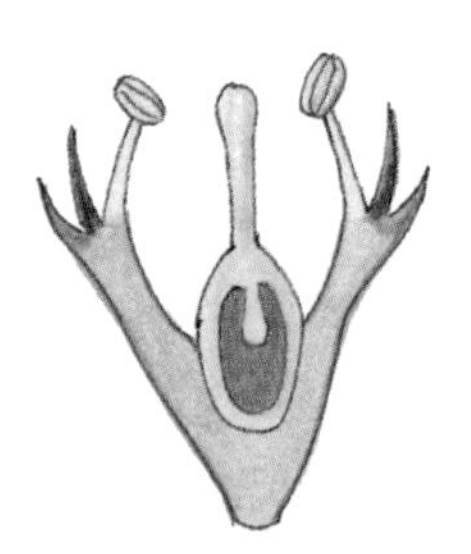
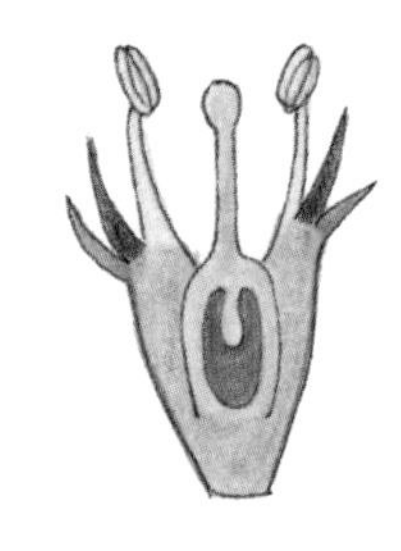
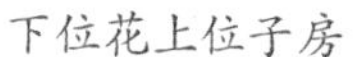

下位花上位子房　周位花上位子房　周位花半下位子房　上位花下位子房

子房的类型

胚珠生长的部位叫胎座，会因心皮的数目和心皮连结的情况不同而有所差异。如单雌蕊一个心皮一个心室，胚珠沿腹缝线着生的称为边缘胎座；合生雌蕊多室子房、胚珠着生在中轴上的称为中轴胎座；合生心皮边缘愈合形成单室子房、胚珠着生在腹缝线上的称为侧膜胎座；多室子房的纵隔消失，胚珠着生在中央轴上的称为特立中央胎座；胚珠着生在子房顶部的称为顶生胎座；与胚珠着生在子房基部的称为基生胎座；子房的内壁和隔膜上都生长胚珠的称为全面胎座。

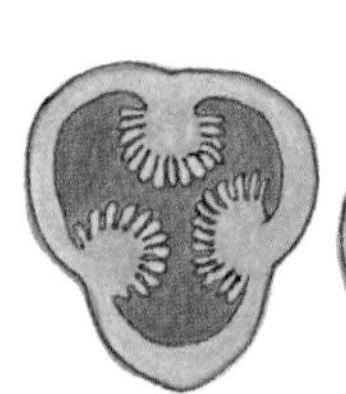
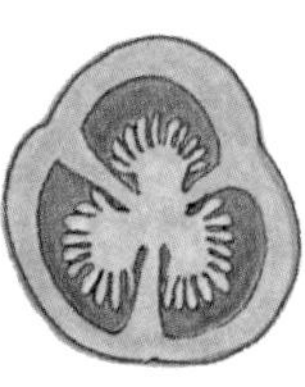
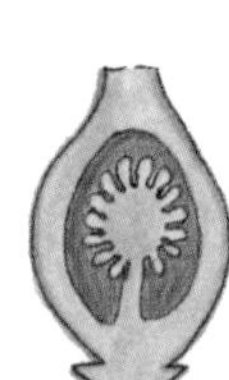
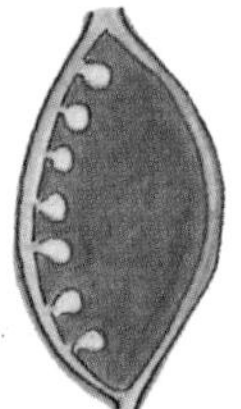
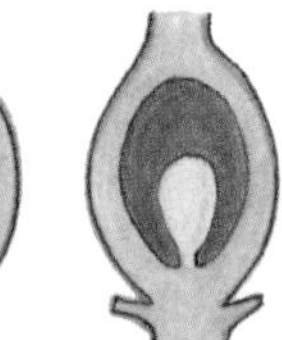

侧膜胎座　中轴胎座　特立中央胎座　边缘胎座　顶生胎座　基生胎座

胎座的类型

花柱

连接子房与柱头的部分，称为花柱，分为空心与实心两种类型。空心花柱的中空部位是花柱道，实心花柱的中央部位是引导组织，花粉管会穿过引导组织进入到子房内。

柱头

雌蕊的顶端部位称为柱头，大多都会有一定的膨大或者扩展，是接受花粉的部位。柱头的表皮细胞大都呈乳突状、毛状或者其他形状，有干、湿两种类型。

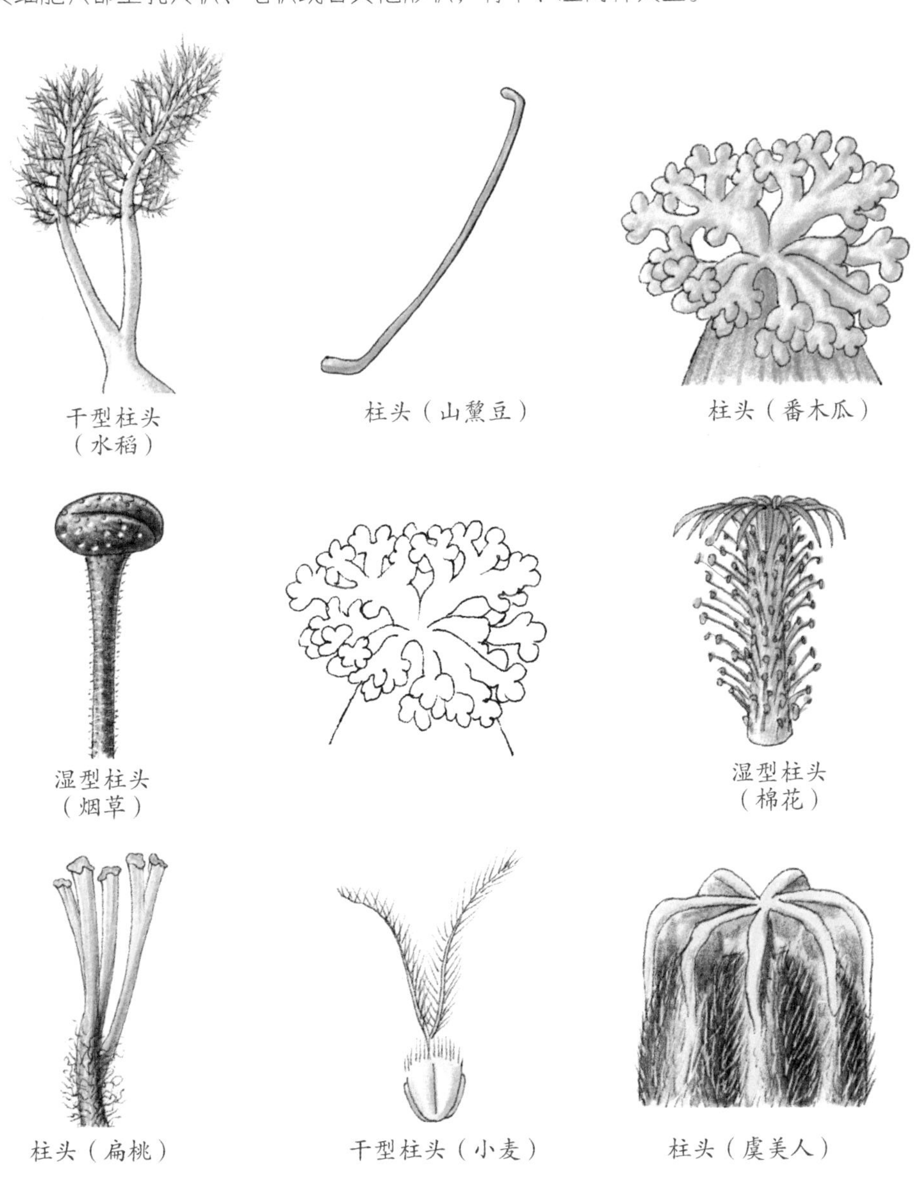

干型柱头（水稻）

柱头（山黧豆）

柱头（番木瓜）

湿型柱头（烟草）

湿型柱头（棉花）

柱头（扁桃）

干型柱头（小麦）

柱头（虞美人）

02 花序

植物的花按照一定的排列顺序，密集或稀疏地生长在总花柄上，就形成了花序。花序的总花柄或主轴称为花轴，也称为花序轴。花序下部的叶有的退化，有的很大。花轴的基部生长有苞片。有的花序苞片密集，一起组成总苞，例如菊科植物中的蒲公英的花序。

花序的类型繁多，可以归纳为无限花序和有限花序两大类。

无限花序

无限花序的特点是花序的主轴在开花期间可以持续向上延伸生长，不断产生苞片和花芽，就像单轴分枝，所以，也称为单轴花序。这种花的开放顺序是花轴基部先开，然后向上依次开放。如果花轴短，花就会密集生长在一起，形成一个平面或者球面，其开花顺序是先从边缘逐渐开始，然后向中央依次开放。无限花序又可以分为以下不同类型。

花轴单一，较长，自下而上依次生长出有柄的花朵，而且花柄大致长短相等，开花顺序由下而上，例如油菜、芜菁、蝴蝶兰等的花序

（芜菁）

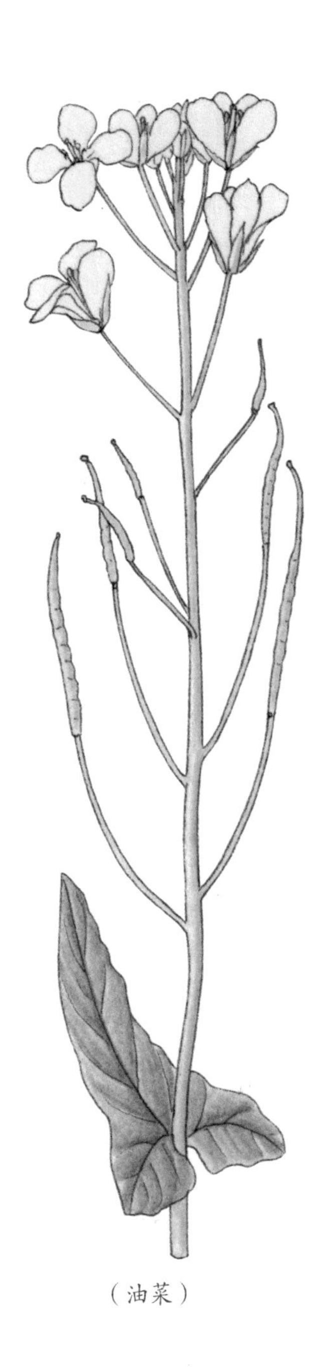

（油菜）

柔荑花序

花轴较软，上面生长着多数无柄或短柄的单性花（雄花或雌花），花序柔韧，下垂或者直立，开花后整个花序一起脱落。例如杨、柳的花序，栎、榛等的雄花序

穗状花序

花轴直立，其上着生许多无柄的两性小花。如禾本科、莎草科、苋科和蓼科中的许多植物，都具有穗状花序

（榛子）

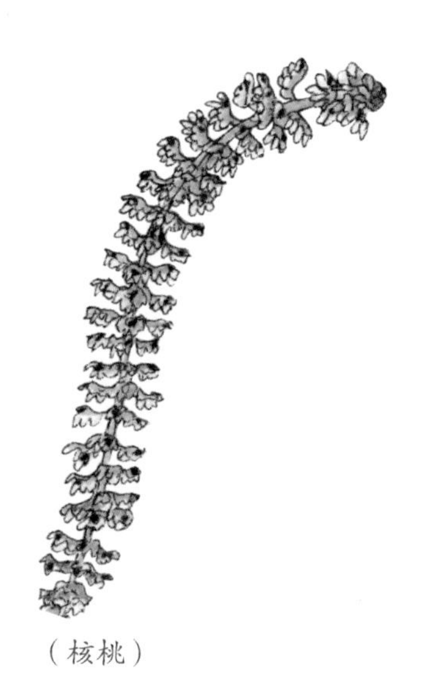

（核桃）

（银白杨）

柔荑花序

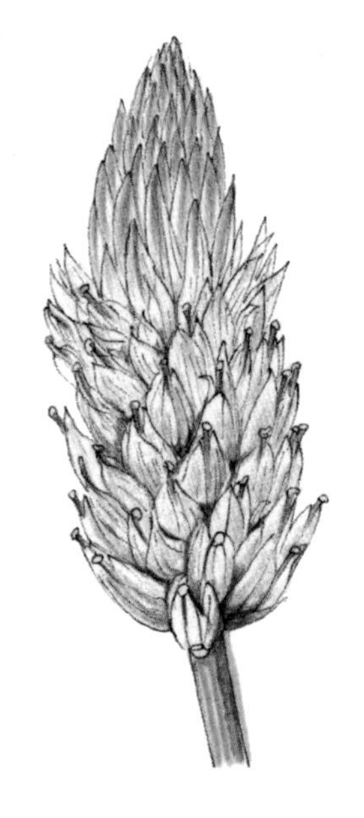

（青葙）

（车前）

穗状花序

伞房花序

也叫平顶总状花序，是变形的总状花序。与总状花序不同的是，伞房花序上面各花的花柄长短不一，下部花的花柄最长，越接近花轴上部的花柄越短，整个花序上的花几乎排列在同一平面上，例如麻叶绣球、山楂等的花。如果有几个伞房花序排列在花序总轴的近顶端部位，称为复伞房花序，如绣线菊。如果开花的顺序由外向里，就形成一种变形的总状花序，如梨、苹果、樱花等

头状花序

花轴极短而膨大，各个苞片的叶常集合成总苞，花没有梗，多数集中生长在一个花托上，犹如头状，例如蒲公英、向日葵等

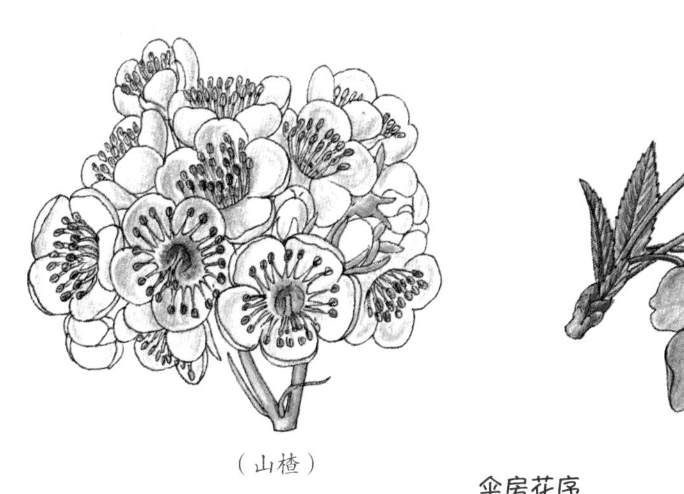

（山楂） （樱花）

伞房花序

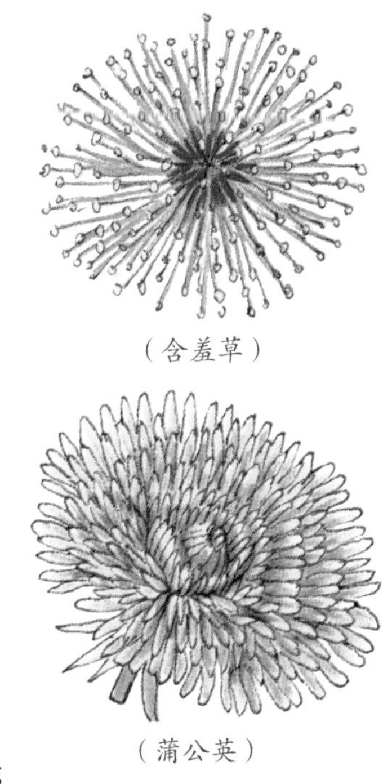

（含羞草）

（向日葵） （蒲公英）

头状花序

隐头花序

花轴特别膨大而内陷形成中空头状，许多没有柄的小花隐藏生长在凹陷空腔的腔壁上，几乎全部看不见，整个花序仅留顶端的一个小孔与外面相通，这是为昆虫进出腔内传播花粉而特意留出来的通道。小花多数是单性，雄花分布在内壁的上部，雌花分布在下部，例如无花果、薜（bì）荔等

伞形花序

花轴缩短，大多数花生长在花轴的顶端部位。每朵小花的花柄基本等长，整个花序的形状就像伞一样。例如报春、人参、常春藤等。

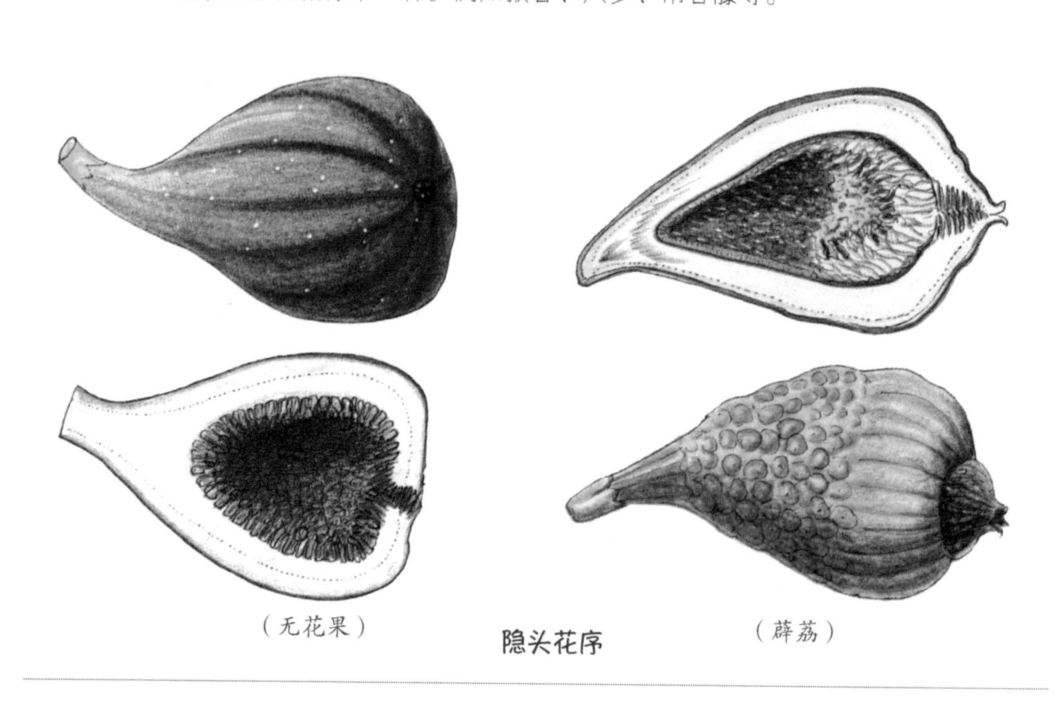

（无花果）　　（薜荔）

隐头花序

（石蒜）

（葱）

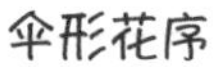

伞形花序

基本结构和穗状花序相同；不同的是花轴粗短，肥厚而肉质化，上面生长多数为单性没有柄的小花，例如玉米、香蒲的雌花序。有的肉穗花序外面还包有一片大型的苞叶，称为佛焰苞，因而这类花序又称佛焰花序，例如天南星、海芋等

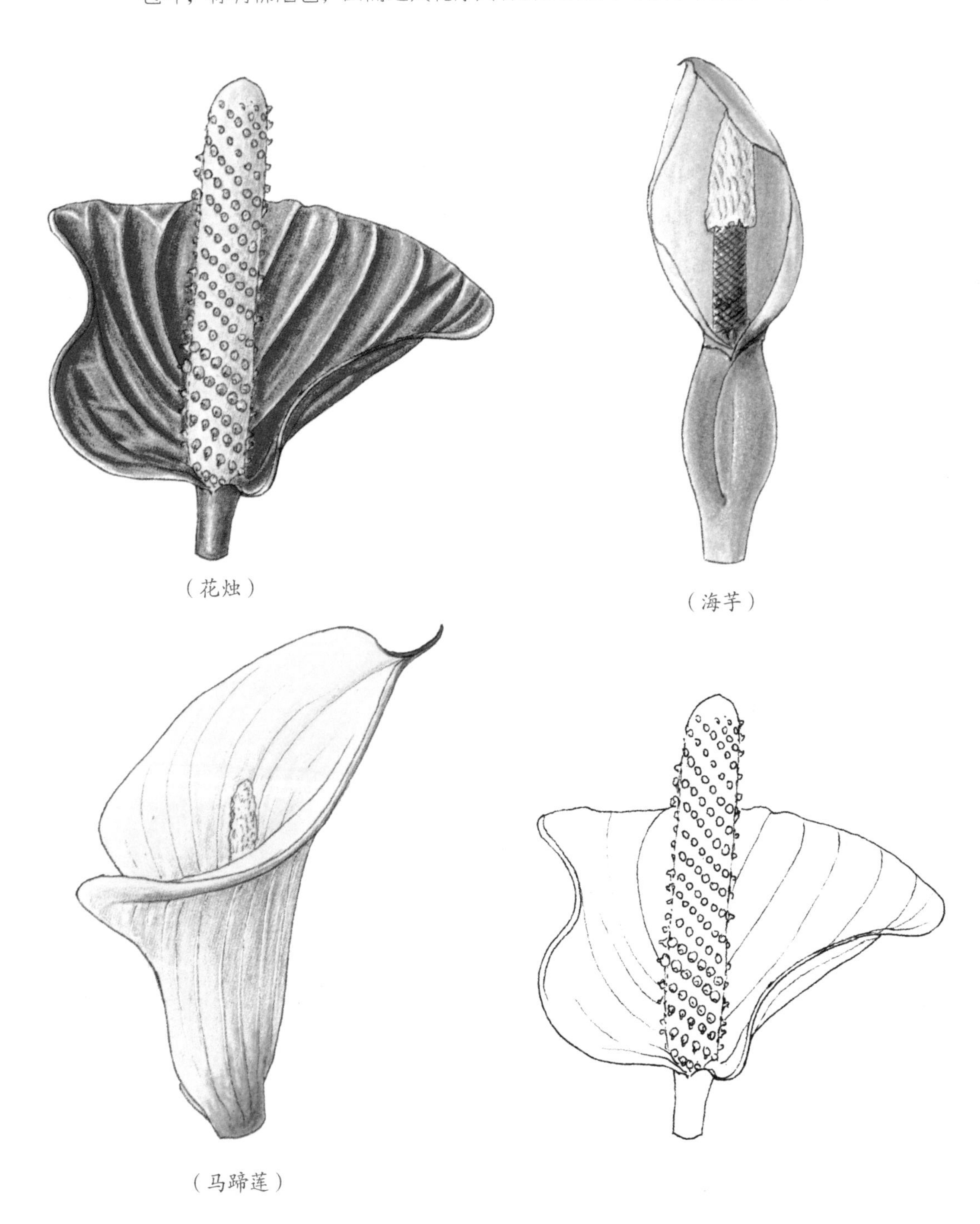

（花烛）

（海芋）

（马蹄莲）

以上所列出的各种花序的花轴都不分枝，属于简单花序。

另外有一些无限花序的花轴有分枝，每一分枝上又呈现出上面讲到的某种花序，这类花序被称为复合花序

圆锥花序

又称为复总状花序。长的花轴上分生出许多小枝，每个分枝又自己形成一个总状花序，例如南天竹、稻、燕麦、丝兰等

（凌霄）

（丁香）

（南天竹）

花轴的顶端丛生若干个长短相等的分枝，各分枝又形成一个伞形花序，每各分枝又能单独成为一个伞形花序，例如胡萝卜、前胡等

复伞房花序

花轴的分枝就像伞房一样的形状排列，而每一个分枝又自己形成一个伞房花序，例如花楸属植物

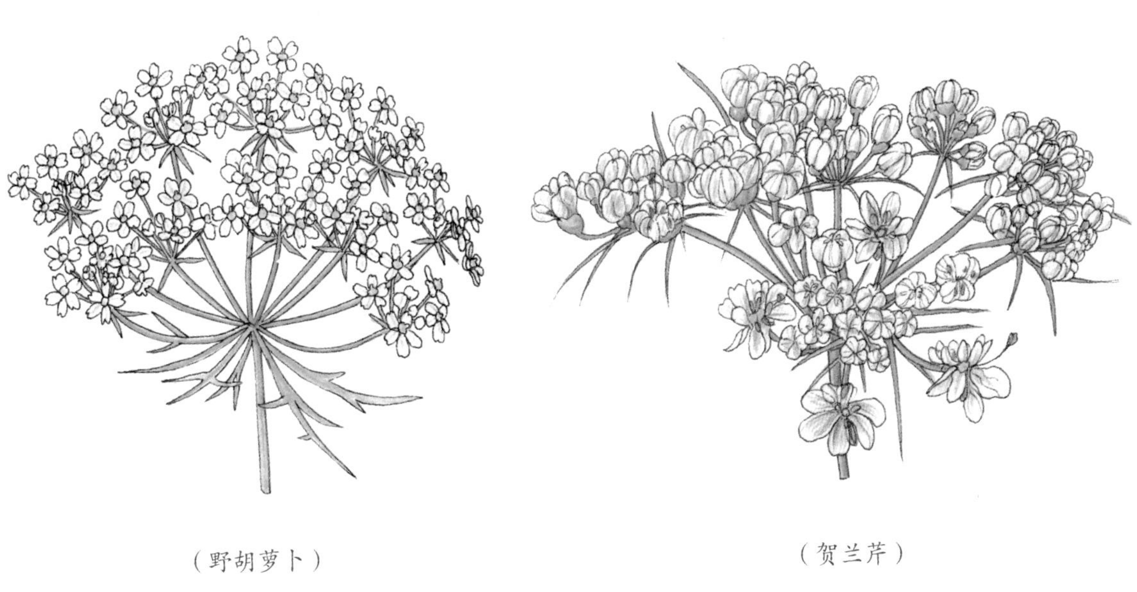

（野胡萝卜） （贺兰芹）

复伞形花序

（绣线菊） （蔷薇）

复伞房花序

复穗状花序

花轴有1或2次的穗状分枝，每一个分枝自己形成一个穗状的花序，也叫小穗，例如小麦、马唐等

复头状花序

单头状花序上的分枝形成一个头状花序，例如合头菊

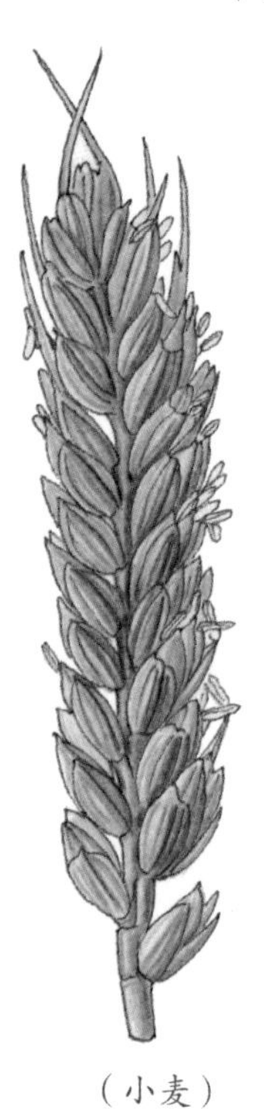

（小麦）

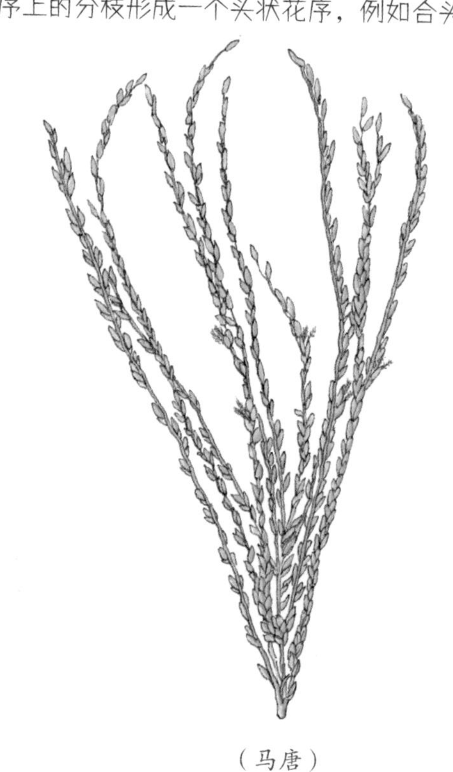

（马唐）

（高粱）

复穗状花序

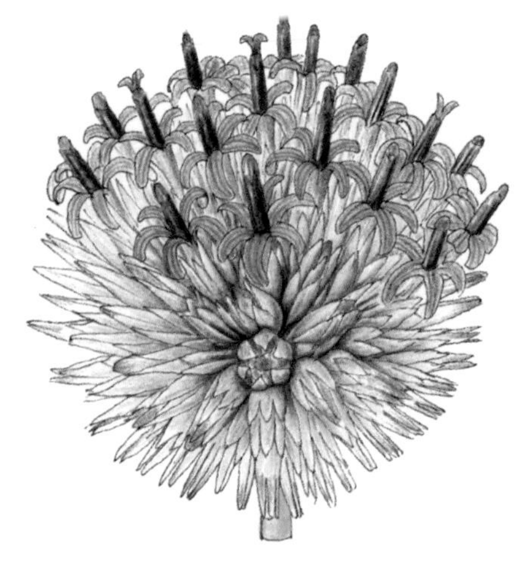

（蓝刺头）

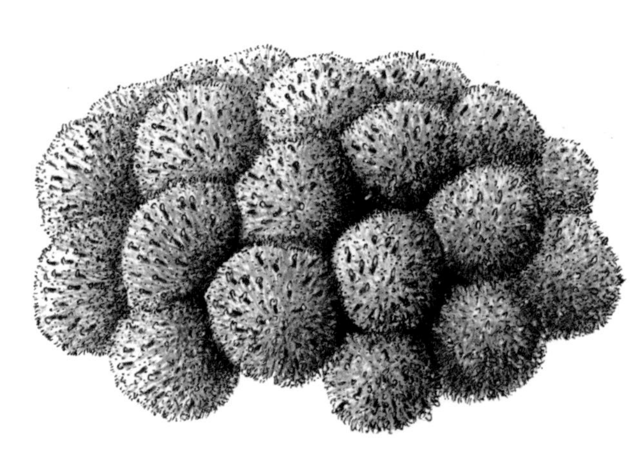

（拉萨雪兔子）

复头状花序

有限花序

有限花序又被称为聚伞类花序。与无限花序相反，有限花序的花轴顶端或中心部位的花先开，也因此主轴的生长受到了限制，而侧轴继续生长；侧轴上也是顶花先开。所以，开花的顺序是由上而下或者由内向外。

有限花序可以分为以下几种类型。

单歧聚伞花序

主轴的顶端先生出一朵花，然后在顶花下面主轴的一侧形成一侧枝，再在侧枝的顶端生长花。所以整个花序是一个合轴分枝。如果各分枝成左右间隔生长出来，而分枝与花不在同一个平面上，这种聚伞花序称为蝎尾状聚伞花序，例如委陵菜、唐菖蒲的花序。如果每侧分出的侧枝都朝向一个方向生长，则称为螺状聚伞花序。例如勿忘草的花序

（萱草）

（艳山姜）

（唐菖蒲）

也称为歧伞花序。顶花下面的主轴向着两侧各生长一根枝，枝顶端生长花，每枝再两侧分枝，如此反复进行。例如卷耳、繁缕、大叶黄杨的花序

（蝇子草）

（卷耳）

多歧聚伞花序

主轴的顶端发育出一朵花之后，顶花下面的主轴上又分出三数以上的分枝，各分枝又分别形成一个小聚伞花序。例如泽漆、益母草等。泽漆的短梗花比较密集，又称为杯状聚伞花序；益母草的花没有梗，分多层对生，被称为轮伞花序。

（泽漆）

另外，还有许多过渡的（或中间的）类型。有的近乎圆球形状的花序，事实上是排列成伞房花序形状的聚伞花序，例如绣球花；有的则是排列成伞形花序状的聚伞花序，例如天竺葵；有的两个聚伞花序相对排列成轮状，称为轮状聚伞花序，例如野芝麻。还有一种混合花序，一部分是无限花序，而另一部分是有限花序，例如玄参的花轴可以无限生长，但侧枝上大多是有限花序。

（益母草）

伞房花序
（天竺葵）

伞房花序形状的聚伞花序
（绣球）

无限与有限花序混合
（林生玄参）

轮伞花序
（短柄野芝麻）

单生花

很多被子植物只在花轴的顶端生长一朵单生花，没有形成花序，这也是最简单的花序，如郁金香，其支持花的柄叫花梗（柄）。但圆锥花序分枝顶端的单个花，就不能认为是单生花

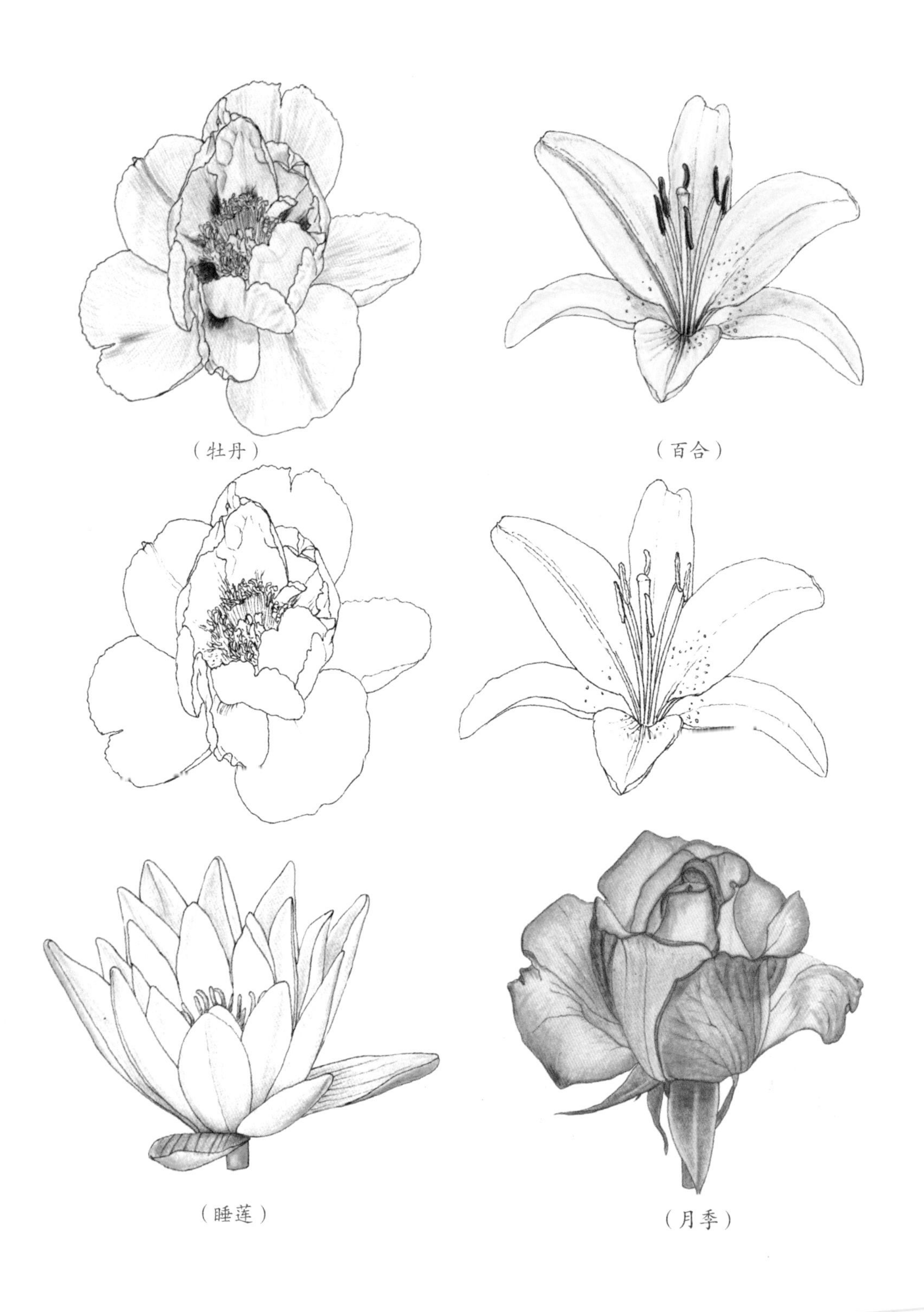

（牡丹）　（百合）

（睡莲）　（月季）

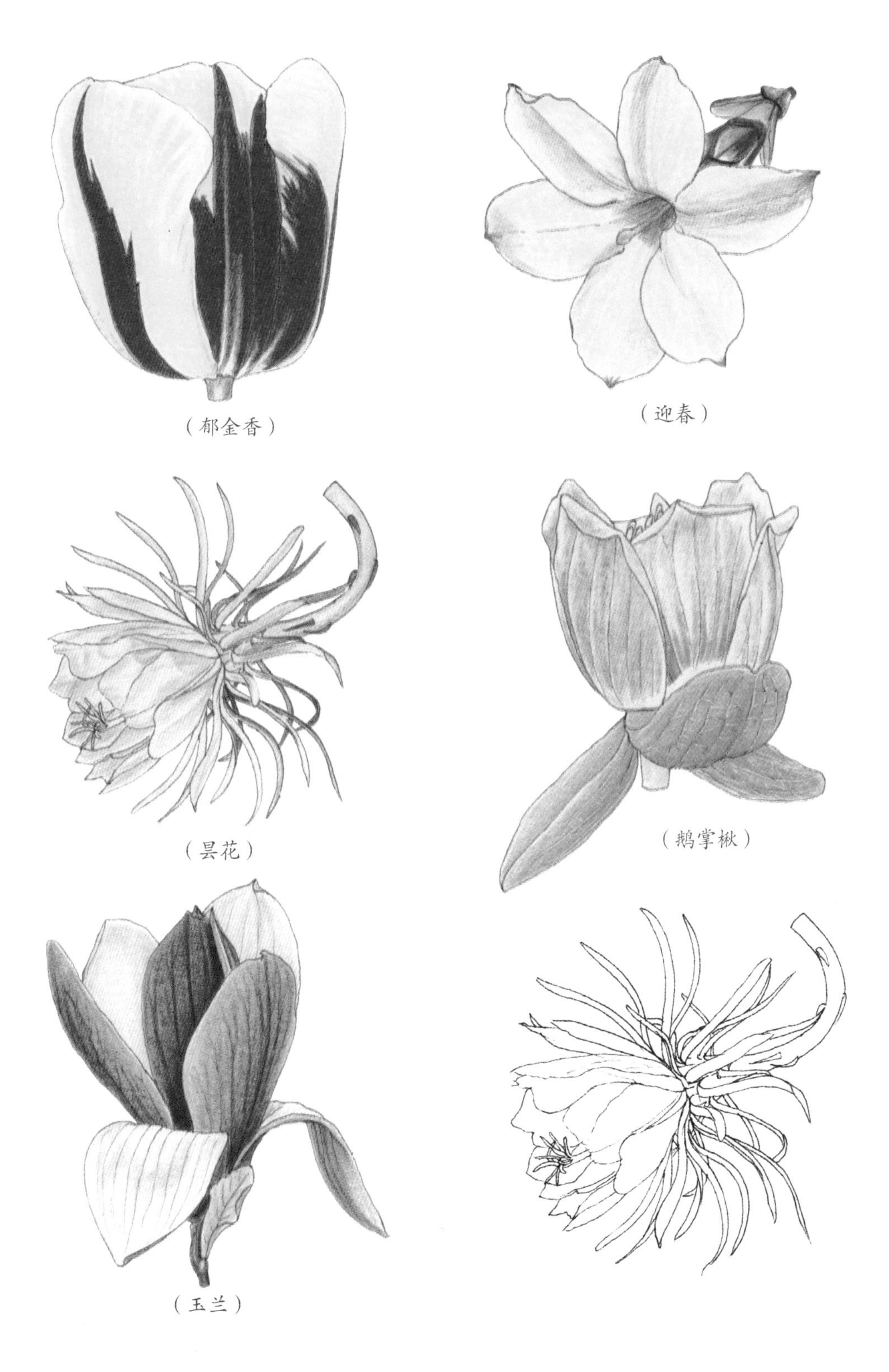

（郁金香）

（迎春）

（昙花）

（鹅掌楸）

（玉兰）

特殊的花

兰花类

兰花类植物是特指兰科的所有属种，其花的形态和各器官结构与其他植物不同。兰花类植物的花序一般顶生或者侧生在叶腋部位，通常排列成总状花序或者圆锥状花序，也有少数缩短成头状花序或者单花。花大都是两性花，花被片6枚，分内外两轮，两侧对称式生长，离生或者不同程度的合生。外轮的3片称为萼片，呈花瓣形状，上部1片称为中萼片，两侧的2片称为侧萼片；内轮2侧的2片称为花瓣，中央的1片形态经常会有较大的特化，称为唇瓣，会由于花梗和子房而作90° 或者180° 的扭转或者弯曲，处于下方，通常3裂或者中部缢缩，分为上唇与下唇，有的基部会形成囊或者距，里面有蜜腺；雄蕊、花柱和柱头合生成合蕊柱，呈半柱形，面向唇瓣，最上部是花药和药床，腹面有一个柱头穴；在合蕊柱的顶部前方，柱头与花药之间具有1个舌状的突起，是由不育柱头发育而成，称为蕊喙，其基部有时会向下方延伸形成足状，称为蕊柱足，2枚侧萼片的基部经常着生于蕊柱足上，形成囊状结构，称为萼囊；能育的柱头位于蕊喙的下面，一般都是凹陷，布满黏液；雄蕊1或者2枚，花粉通常会结合形成团块状的花粉团，一端经常会变成柄状物，称为粉团柄；花粉团柄连接到由蕊喙的一部分变成固态黏块即黏盘上，有时黏盘还有柄状附属物，称为黏盘柄；花粉团、花粉团柄、黏盘柄和黏盘连接在一起，称为花粉块，但有的花粉块不具花粉团柄或黏盘柄，有的不具黏盘而只有黏质团。雌蕊由3枚心皮合生而成，子房下位，1室，侧膜胎座，也有极少的3室是中轴胎座；3枚柱头，通常只有2个能接受花粉。果实为蒴果；种子数量很多，极小，没有胚乳，种皮常在两端延长成翅状。

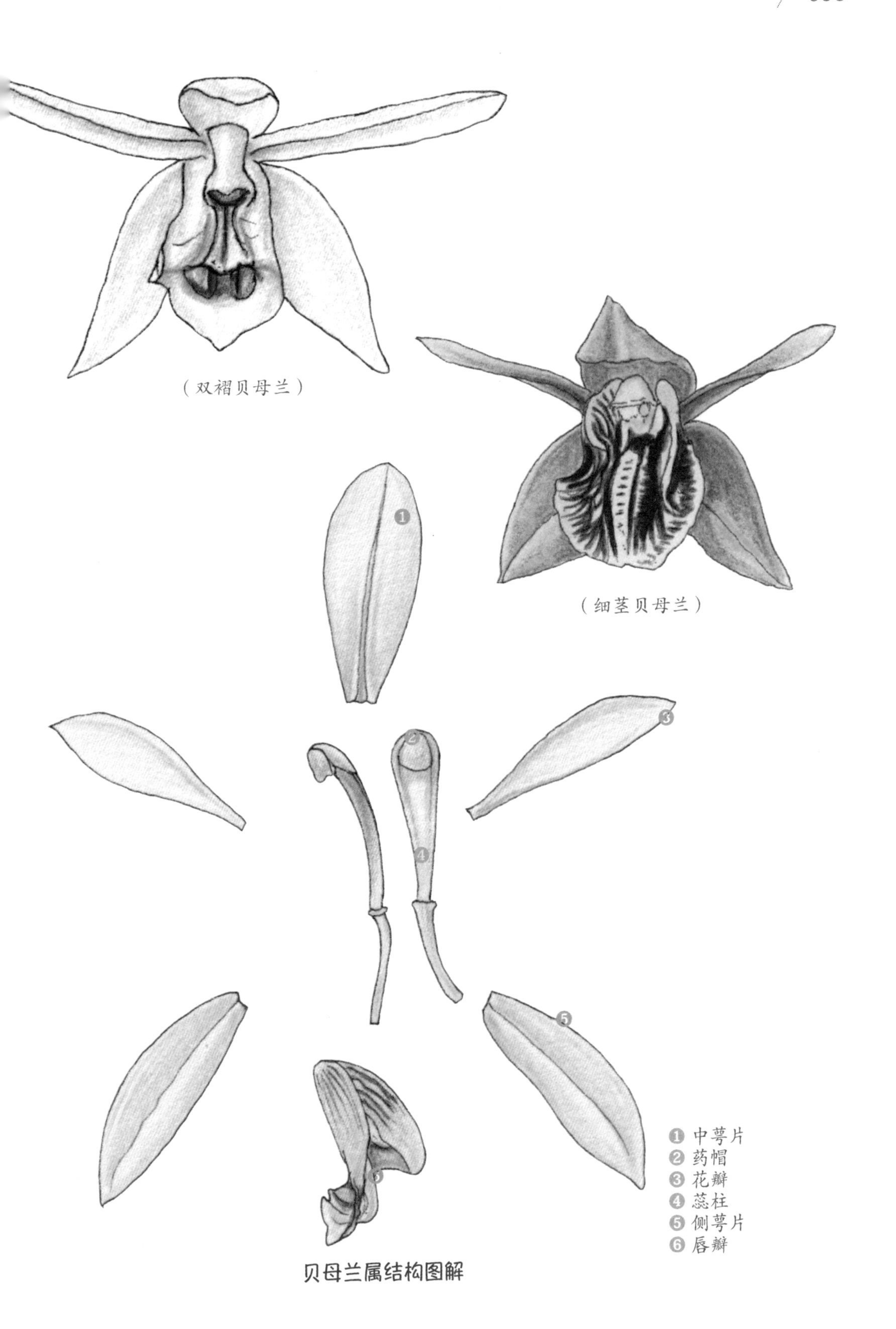

贝母兰属结构图解

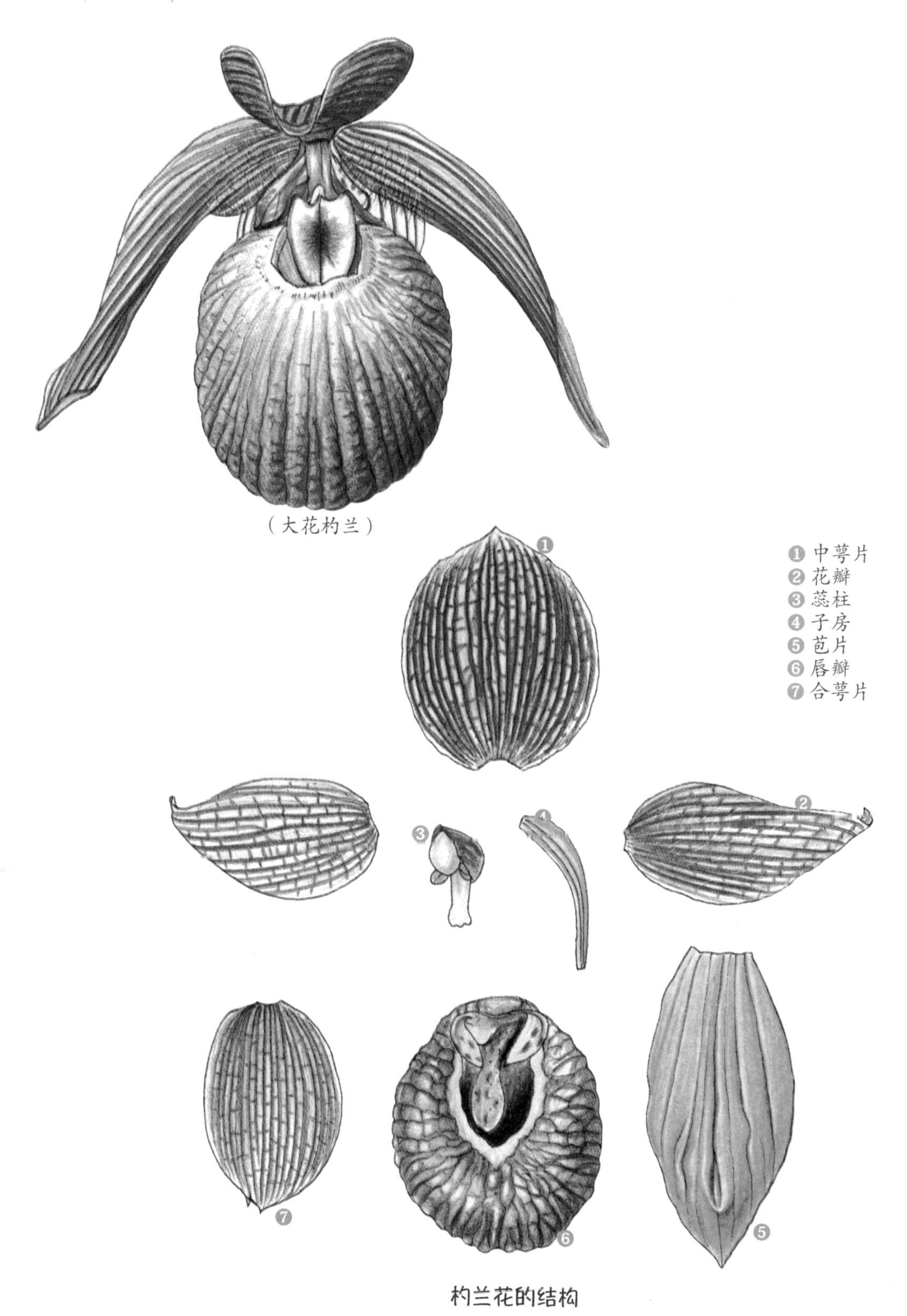

杓兰花的结构

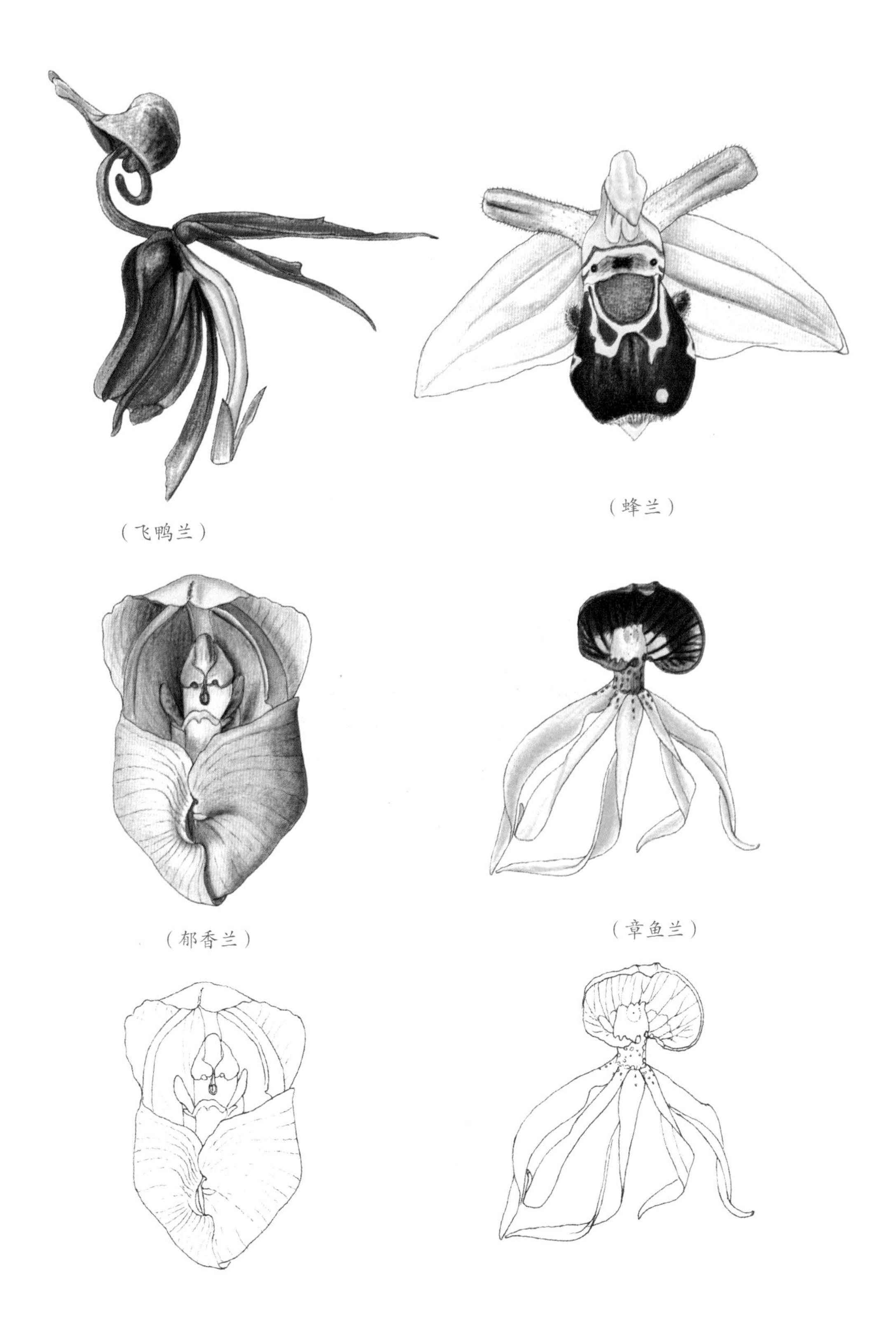

（飞鸭兰）

（蜂兰）

（郁香兰）

（章鱼兰）

巨魔芋

巨魔芋又被称为“尸花”“尸臭魔芋”，是天南星科魔芋属的多年生宿根球茎类花卉。其花的直径长1.5米，高近3米，在开放的时候会散发出类似尸臭的味道，所以被称作“世界上最臭的花”。巨魔芋能生存150年左右，但只能开2~3次花，而且花期短短几天就结束

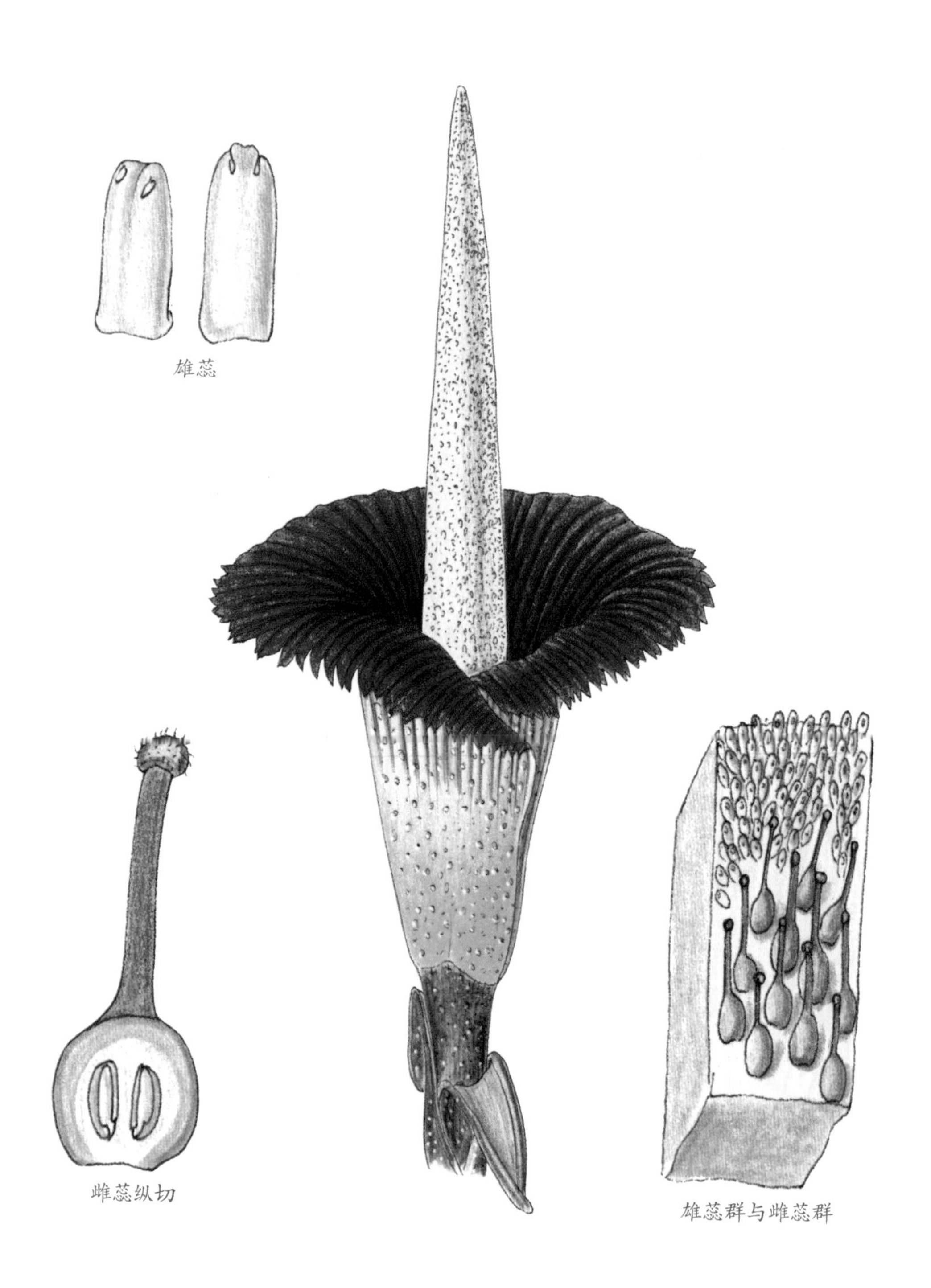

大豹皮花又被称为臭肉花，是萝 科豹皮花属的多年生肉质植物。其花有1～2朵，有较大的黄绿色花冠，并呈辐状五角形射出，直径有28～40厘米，内面具有深红色的横皱波纹和稀疏的淡紫色毛，似豹子的皮而得名

地涌金莲

地涌金莲是芭蕉科地涌金莲属的多年生草本植物。其花序密集地直立生长在假茎的顶部，像球穗的形状，长20～25厘米，苞片是干膜质，黄色或者淡黄色，内有两列花，每列4～5朵花；合生的花被片卵状长圆形，先端有3个齿裂，离生的花被片先端微凹，在凹陷的地方生有尖头

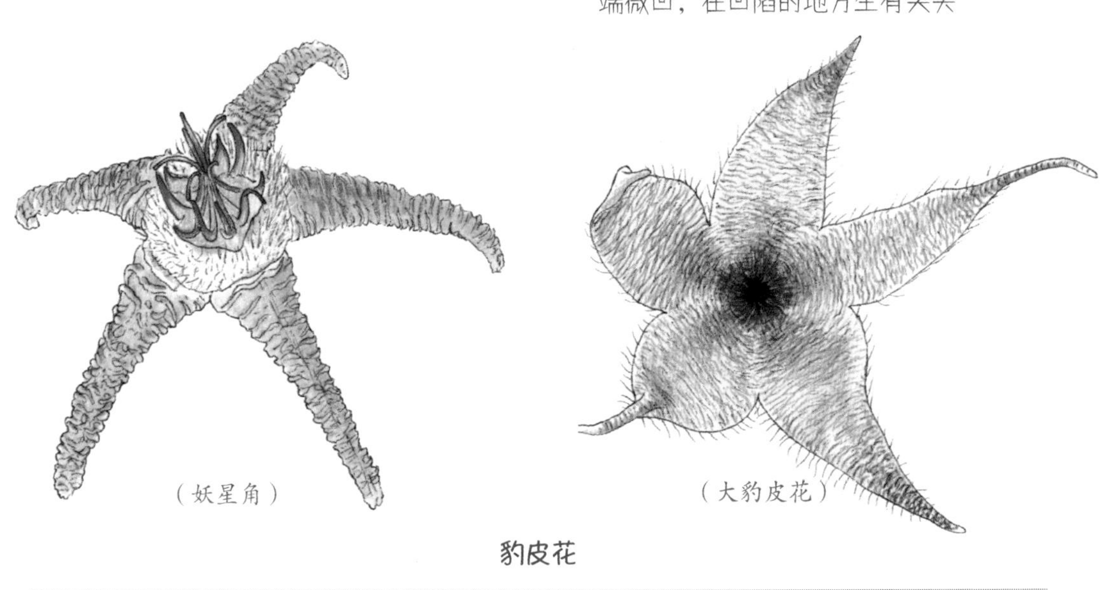
（妖星角）（大豹皮花）

豹皮花

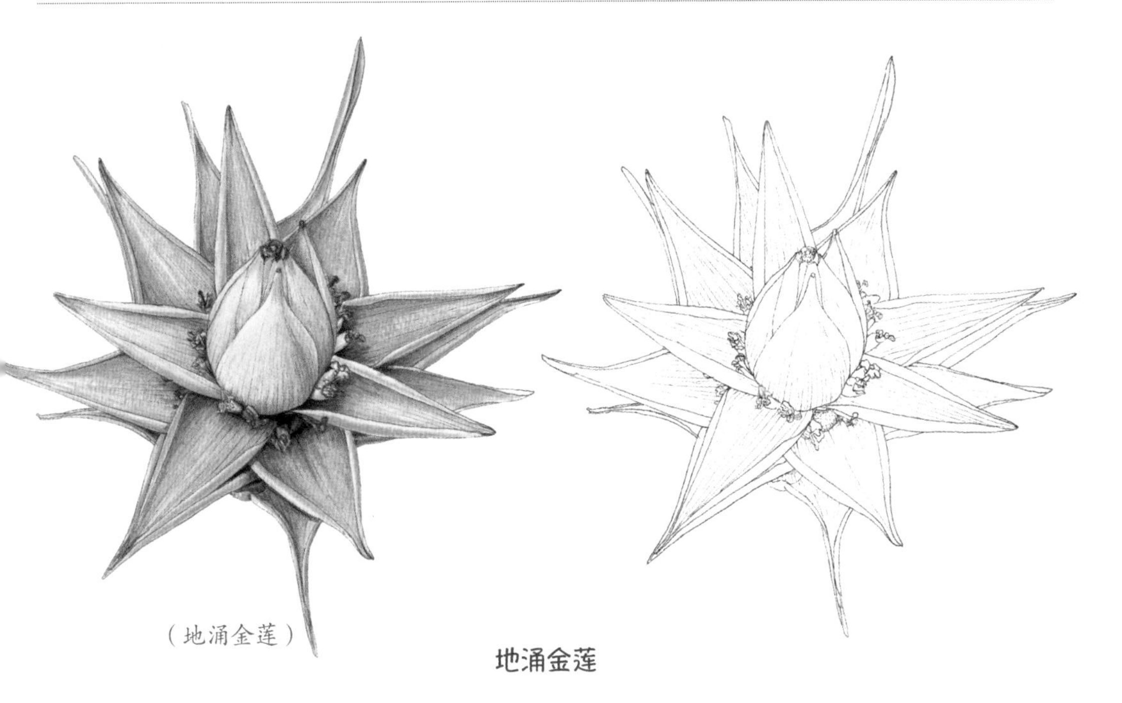
（地涌金莲）

地涌金莲

麻黄科

麻黄科植物雌雄花单性异株，各都形成花序

水晶兰

水晶兰是驴蹄草科水晶兰属的多年生腐生植物。其植株没有叶绿素，整体是肉质的白色，显得晶莹透亮，非常神秘，所以又被称为“幽灵之花”和“梦兰花”

雄球花枝一段（麻黄）

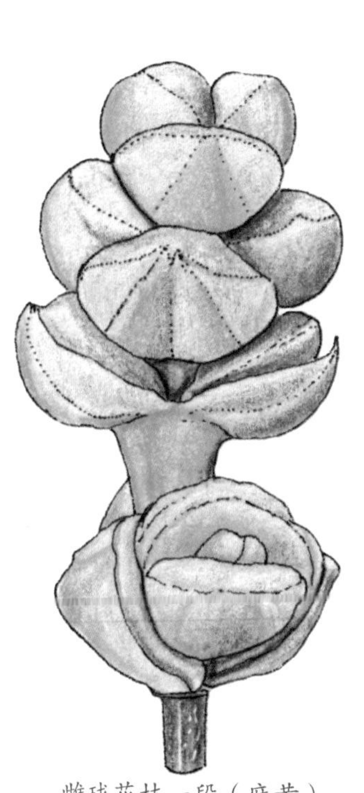

雌球花枝一段（麻黄）

（水晶兰）

球花（孢子叶球）

大多数裸子植物的孢子叶聚合形成球状，称为孢子叶球，也叫球花。但不是花，花的功能，没有花的结构。其中，由小孢子叶（雄蕊）聚合生长而成的称为小孢子叶球，也叫雄球花，每个小孢子叶的下面生长有小孢子囊（花粉囊），里面有很多小孢子母细胞（花粉母细胞）。由大孢子叶（心皮）丛生聚合生长而成球状结构，称为大孢子叶球。大孢子叶是羽状（苏铁类）或者变态为珠鳞（松柏类）、珠领（银杏）、珠托（红豆杉）、套被（罗汉松）。大孢子叶的腹面生长有一个或者多个裸露的胚珠

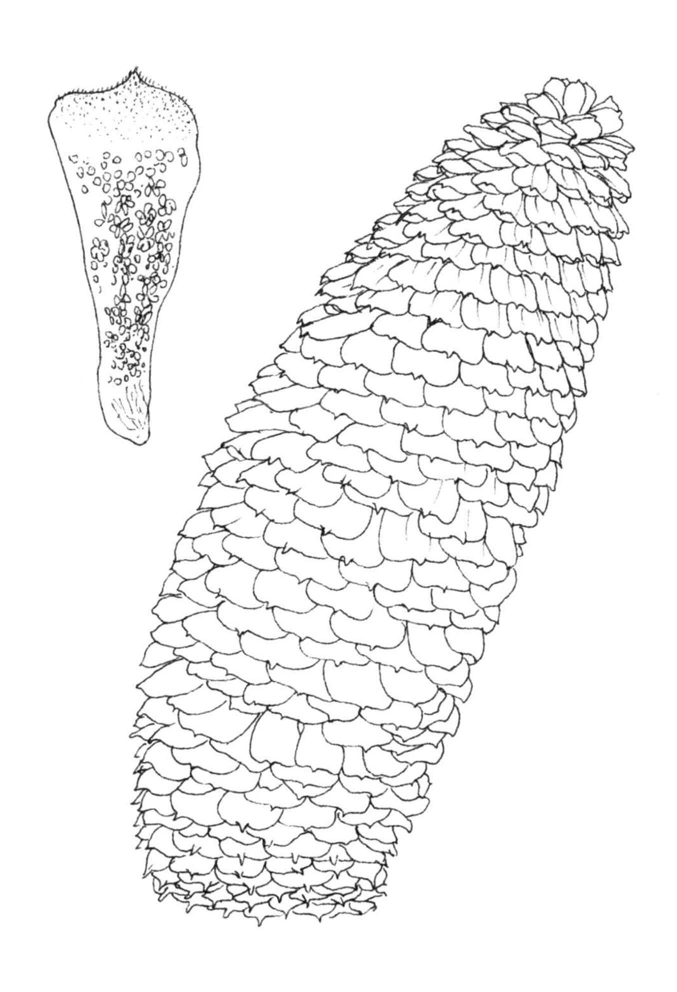

苏铁

苏铁雌雄花异株。小孢子叶扁平的肉质，紧密的螺旋状排列成圆柱形的雄花，单生在枝条的顶部。每个小孢子叶下面有许多个3～5个小孢子囊组成的小孢子囊群。雌球花由大孢子叶丛生在茎的顶部，大孢子叶外面生长有密集的褐黄色绒毛，上部羽状分裂，下部成狭长的柄，两侧生长有2～6枚胚珠

银杏

银杏雌雄花异株。雄球花是柔荑花序，生长在短枝顶端的鳞片叶腋内侧。小孢子叶球有短柄，柄端有2个小孢子囊。花粉成熟之后含有4个细胞，其中有2个原叶细胞，1个生殖细胞，1个管细胞。精子有鞭毛，体积较小。雌球花生短枝顶部，由珠鳞和扇形叶组成，珠鳞自叶腋生出，具长梗，顶端2分叉，叉顶具1枚胚珠，经常仅1个成熟，有时两个成熟

小孢子叶

苏铁小孢子叶球

苏铁大孢子叶球

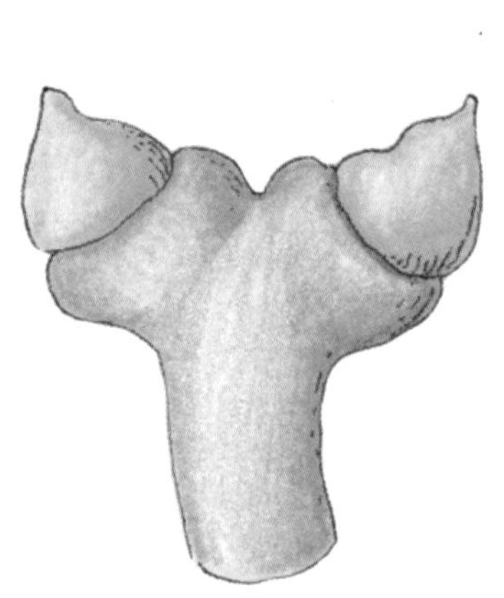

银杏珠鳞顶端的胚珠

银杏雄球花

松科的植物雌雄花同株。小孢子叶螺旋状排列，每个小孢子叶有2个小孢子囊，花粉多数有气囊。雌球花由多数螺旋状着生的珠鳞和苞鳞组成，苞鳞与珠鳞近基部合生，其他分离，珠鳞的腹面生长有2个倒生的胚珠

杉科

杉科植物雌雄花同株。小孢子叶有2～9个小孢子囊，花粉没有气囊。珠鳞与苞鳞仅顶端分离，在中部合生在一起，能育的珠鳞由2～9枚直立或者倒生的胚珠

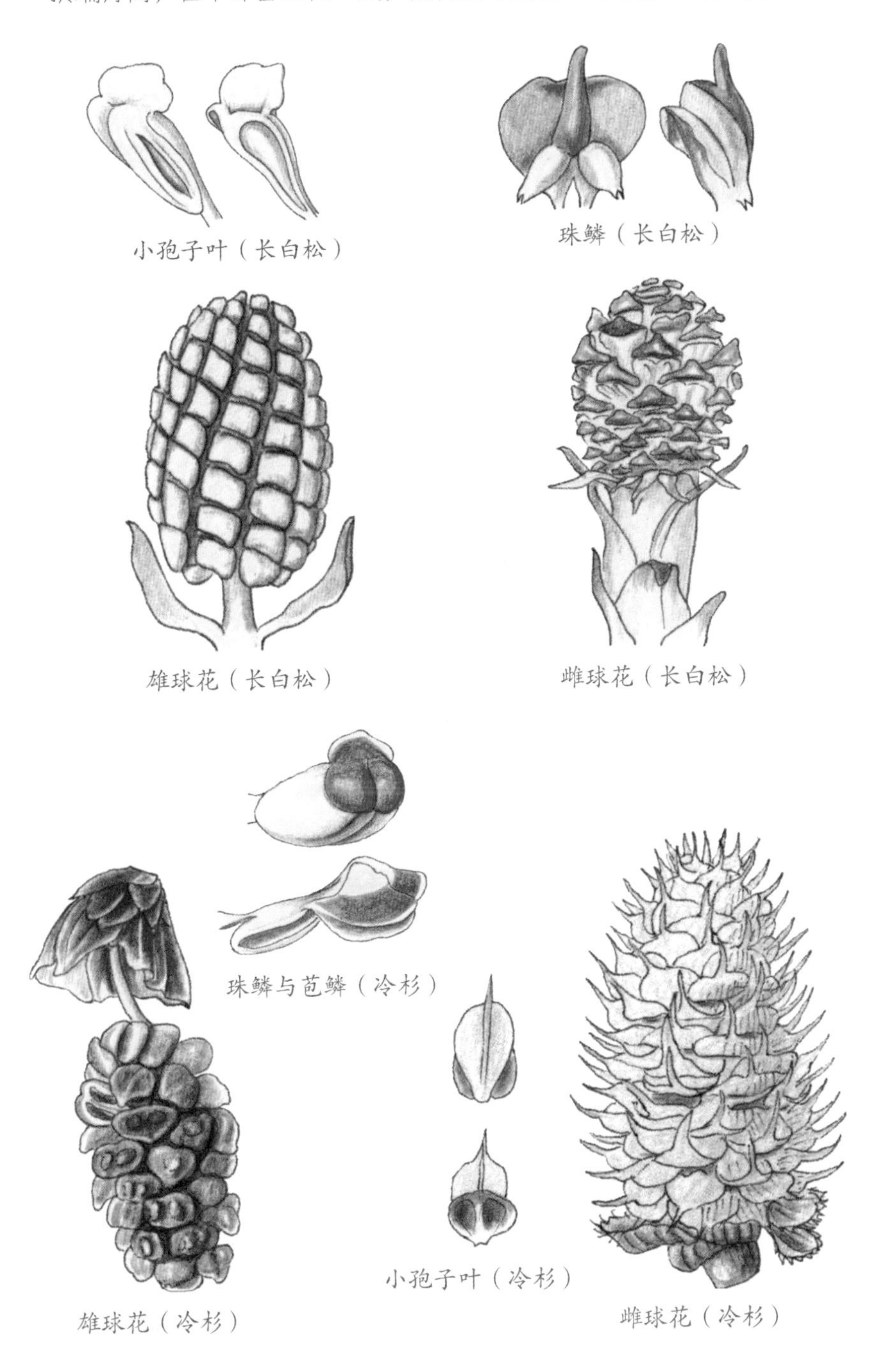

小孢子叶（长白松）

珠鳞（长白松）

雄球花（长白松）

雌球花（长白松）

珠鳞与苞鳞（冷杉）

小孢子叶（冷杉）

雄球花（冷杉）

雌球花（冷杉）

柏科植物雌雄花同株或者异株。雄球花有3～8对交互对生的小孢子叶，每个小孢子叶生有3～6个或者更多的小孢子囊，花粉没有气囊。

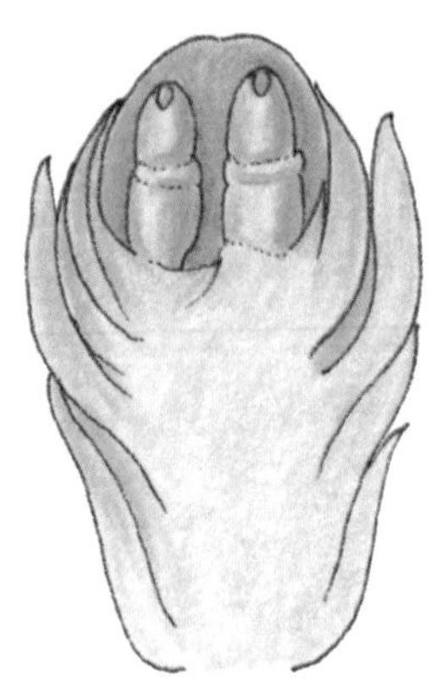
雌球花纵切面

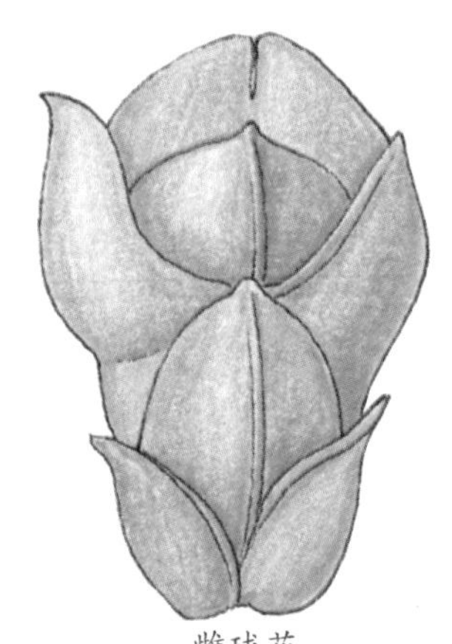
雌球花

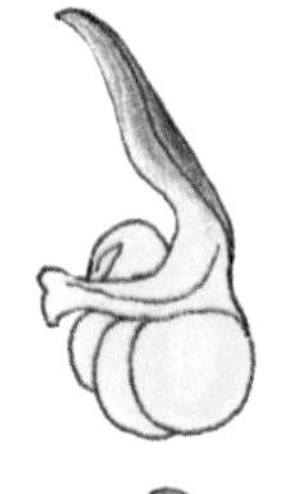

小孢子叶（刺柏）

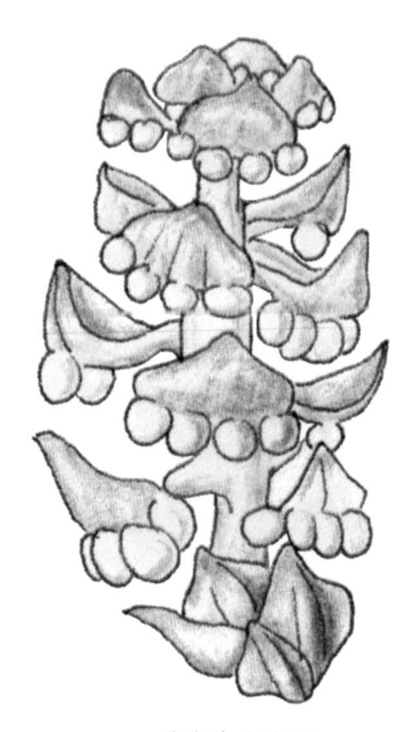
雄球花（刺柏）

买麻藤科植物雌雄球花异株，大多生长成穗状，有多轮由多数轮生苞片愈合而成的环状总苞

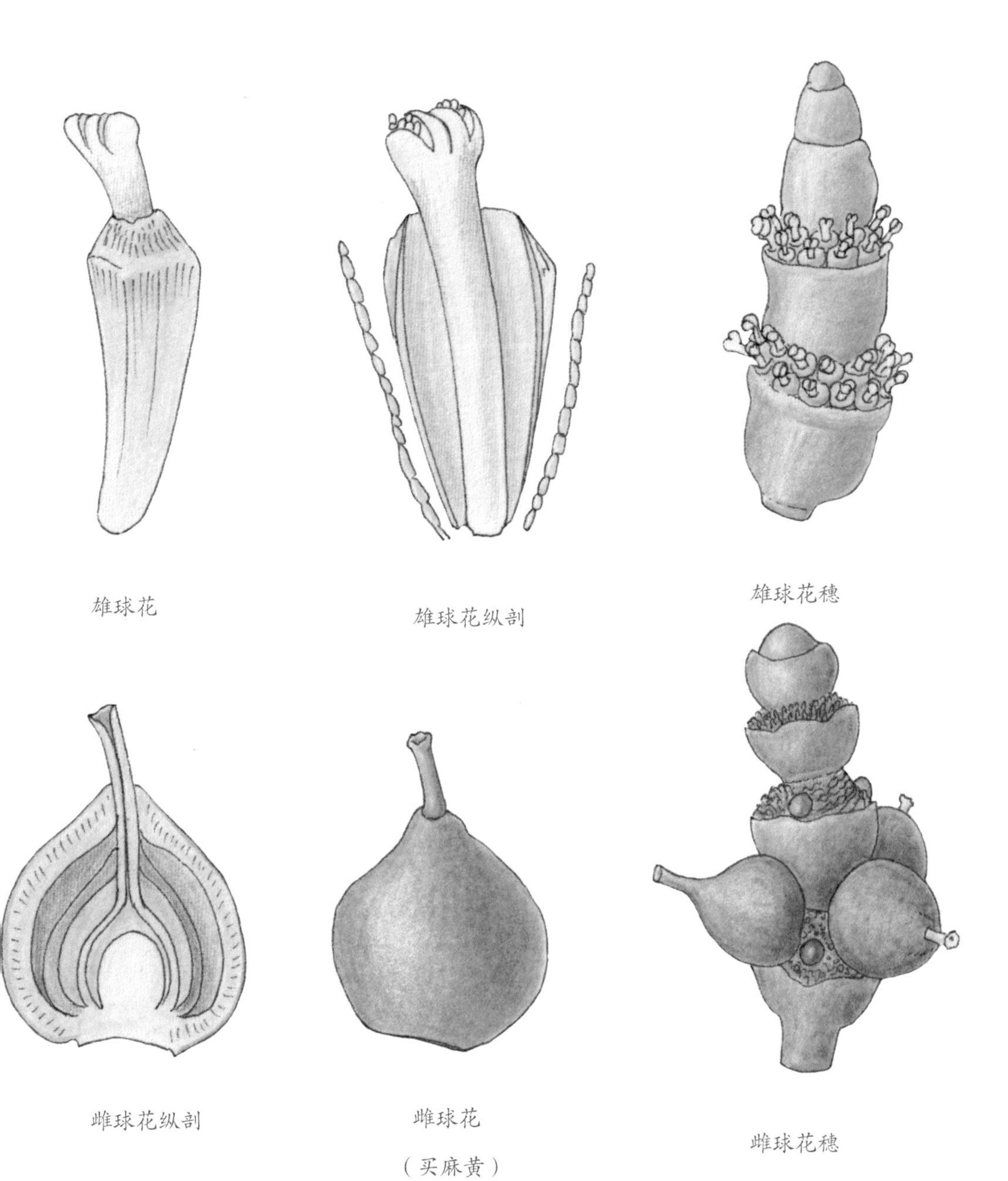

雄球花

雄球花纵剖

雄球花穗

雌球花纵剖

雌球花

（买麻黄）

雌球花穗

03 传粉

在一朵花中的雄蕊或者雌蕊有其中一个发育成熟的时候，花被片就会展开，把雄蕊和雌蕊显露出来，花粉就会借助外力进行散放，从而完成传粉和受精发育的有性繁殖过程。

传粉

雄蕊花药部位的花粉囊开裂之后，散发出花粉，经过媒介被传送到同一朵花或者另外一朵花的柱头上，此过程被称为传粉。在自然界中，传粉的方式主要有自花传粉和异花传粉两种。

一朵花中的花粉落到同一朵花柱头上的过程称为自花传粉。此类花的特点是两性花；雄蕊和雌蕊同时成熟，柱头对自身的花粉不排斥。所以，有一些植物是严格的自花传粉，但大多数植物既可以自花传粉，又可以异花传粉

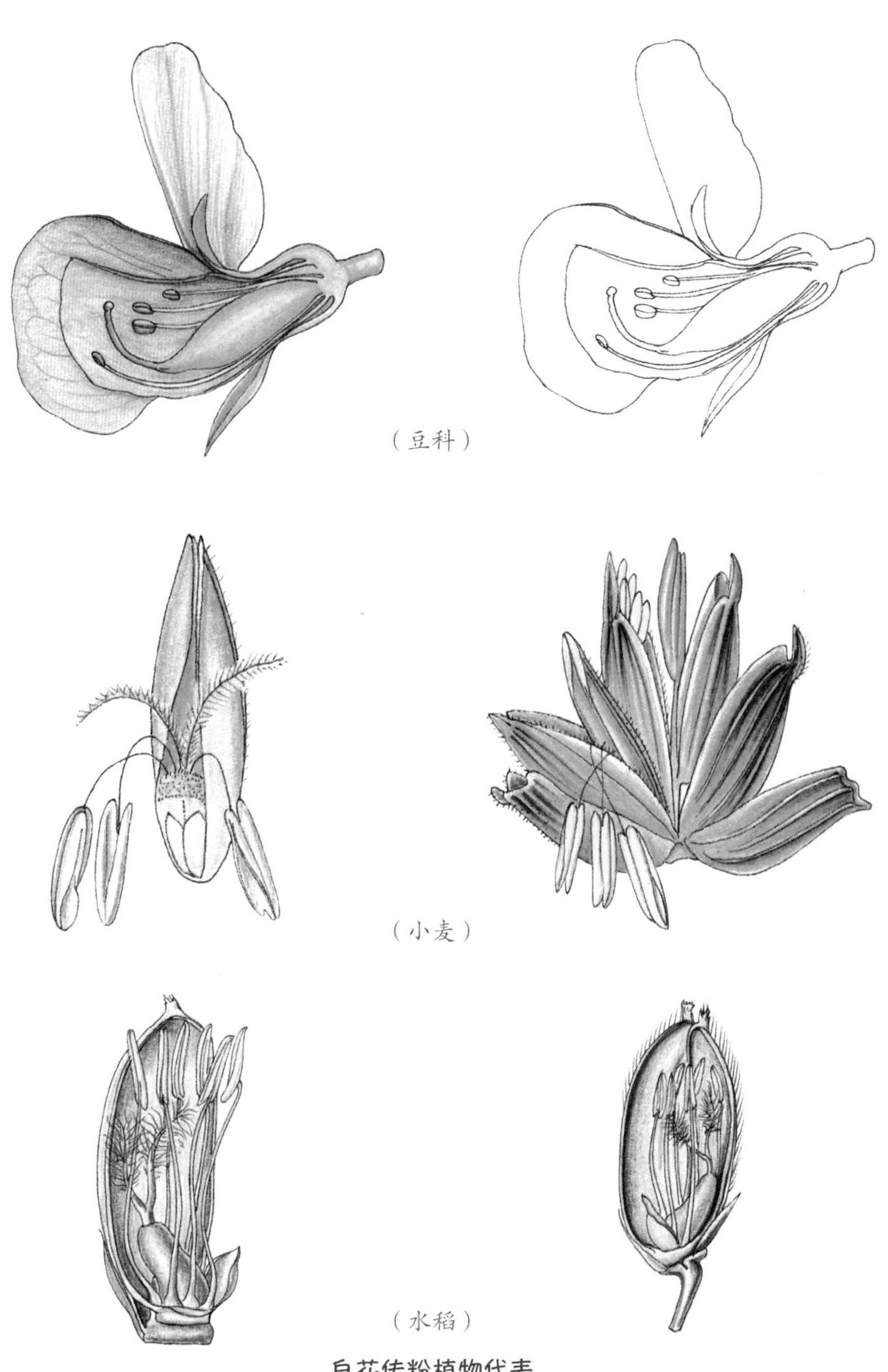

自花传粉植物代表

异花传粉

一朵花中的花粉落到另外一朵花柱头上的过程，称为异花传粉。有一些植物是严格的异花传粉，此类植物对异花传粉有特殊的适应机制，常见的方式有单性花之间的传粉；两性花中的雄蕊和雌蕊不同时成熟，有的植物雄蕊先成熟，雌蕊后成熟；有的植物雌蕊先成熟，雄蕊后成熟；也有的植物雄蕊和雌蕊同时成熟，但存在自花授粉不亲和的情况

雄花（丝瓜） 雌花（丝瓜）

花柱异长（虎刺）

雄蕊先熟（桔梗） 雌蕊后熟（桔梗）

传粉的媒介

植物的花粉在成熟之后，需要借助媒介的外部力量传播到雌蕊的柱头上。常见的传播媒介有风媒、水媒、虫媒、鸟媒和其他动物媒。

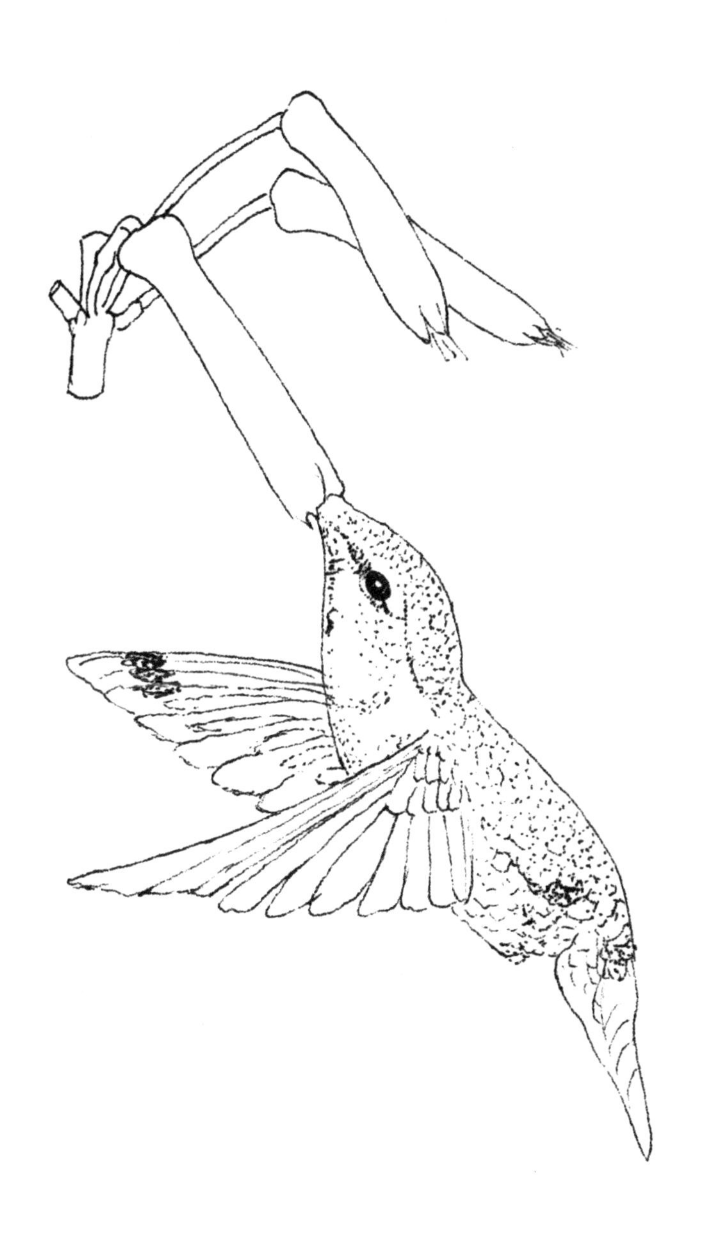

风媒

有些植物的花粉散放之后，在风力的作用下飘散到雌蕊的柱头上，称为风媒传粉。此类植物在长期的生长发育过程中，已经形成了适应风媒进行传粉的特征，其花大多是穗状花序和柔荑花序等，能够产生较多体积和质量都较小的花粉，此类花粉比较干燥，表面光滑而很少有纹路纹饰。如小麦、水稻雄蕊的花丝比较细长，在颖花开放后伸出花的外面，在风力的作用下不断摆动，花粉就如此进行了传播。风媒花的雌蕊柱头部分也较长，一般都像羽毛的形状，方便接收随风飘落的花粉，花被较小或者没有花被。有些风媒传粉植物是单性花或者雌雄异株。在一些风媒传粉的木本植物中，大多是在春季的时候先开花后长叶，如杨、柳、榛等

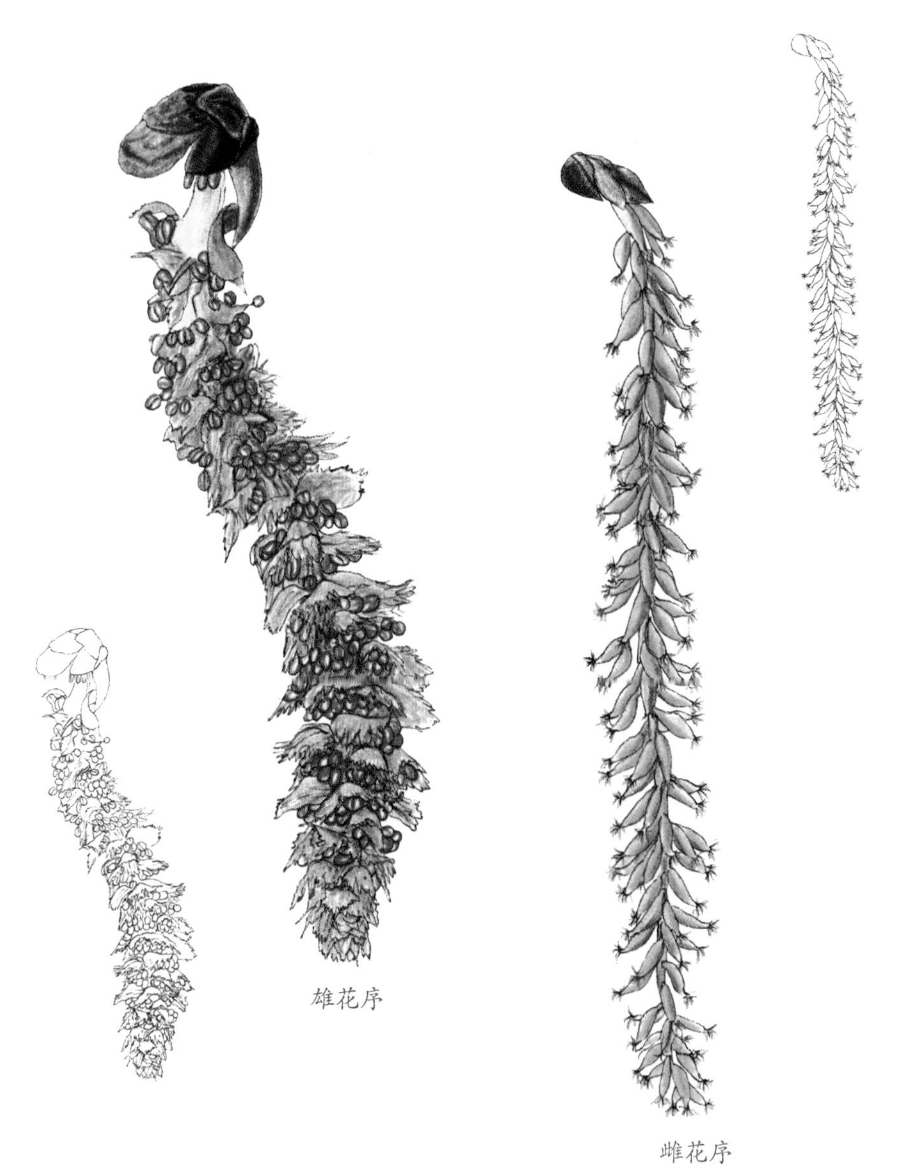

风媒传粉植物代表（杨树）

有一些水生植物的花粉借助水的流动来传播花粉，称为水媒。如苦草、金鱼藻

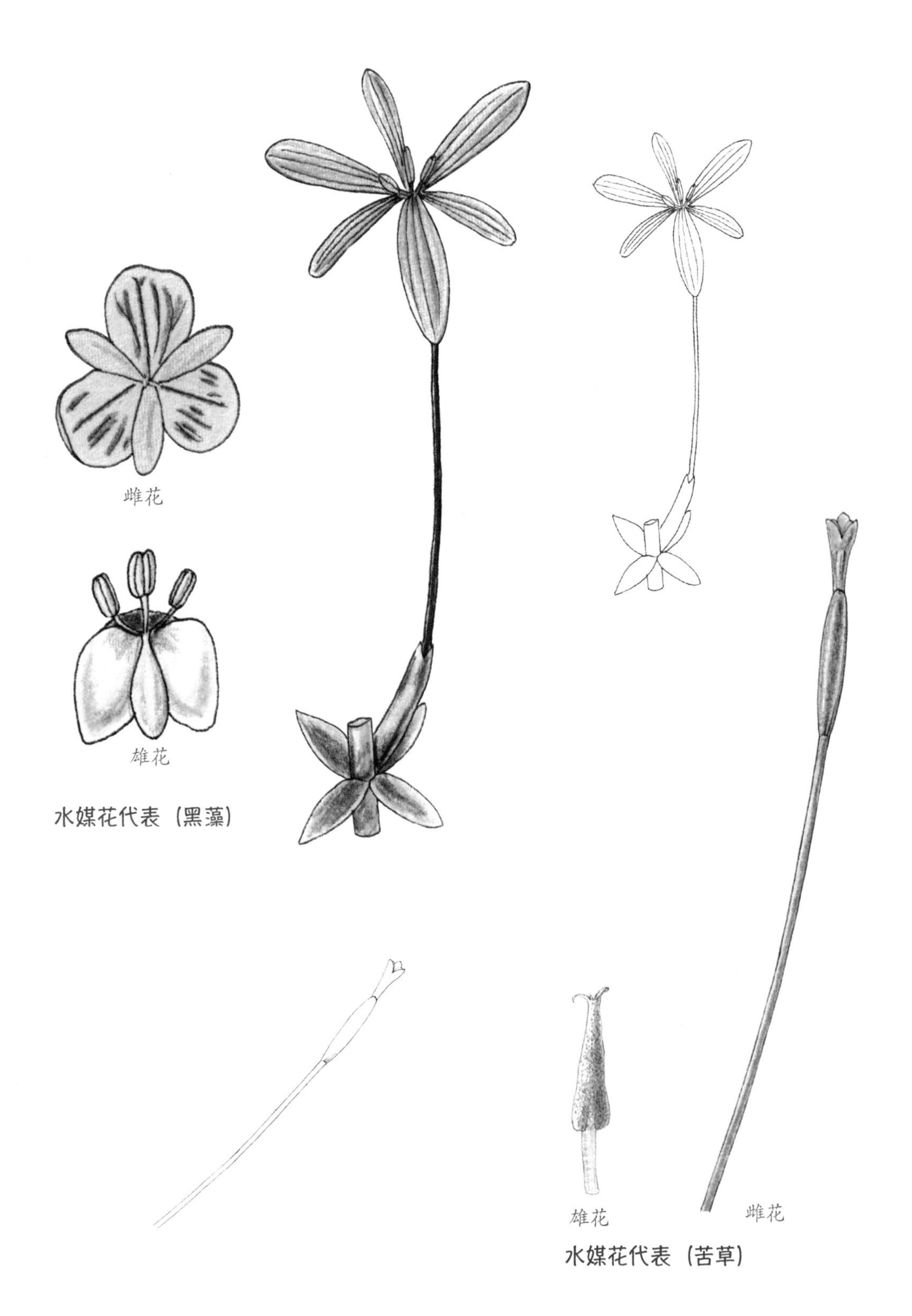

水媒花代表（黑藻）

水媒花代表（苦草）

虫媒

通过昆虫进行传播花粉的称为虫媒。大多数被子植物利用花的颜色、味道和蜜汁来吸引昆虫采食，借助这些昆虫不断在很多花中的往来采食花粉和花蜜，把花粉传播到很多花的柱头上，由此完成了传播花粉的过程。常见的昆虫有蜜蜂、熊蜂、蝇类、蝴蝶与蛾类等。也有一些植物的花通过特定的形状来吸引特定的昆虫进行传粉，如带有距的管状花，是为蝴蝶和蛾子而准备；唇形花是为一些熊蜂而准备

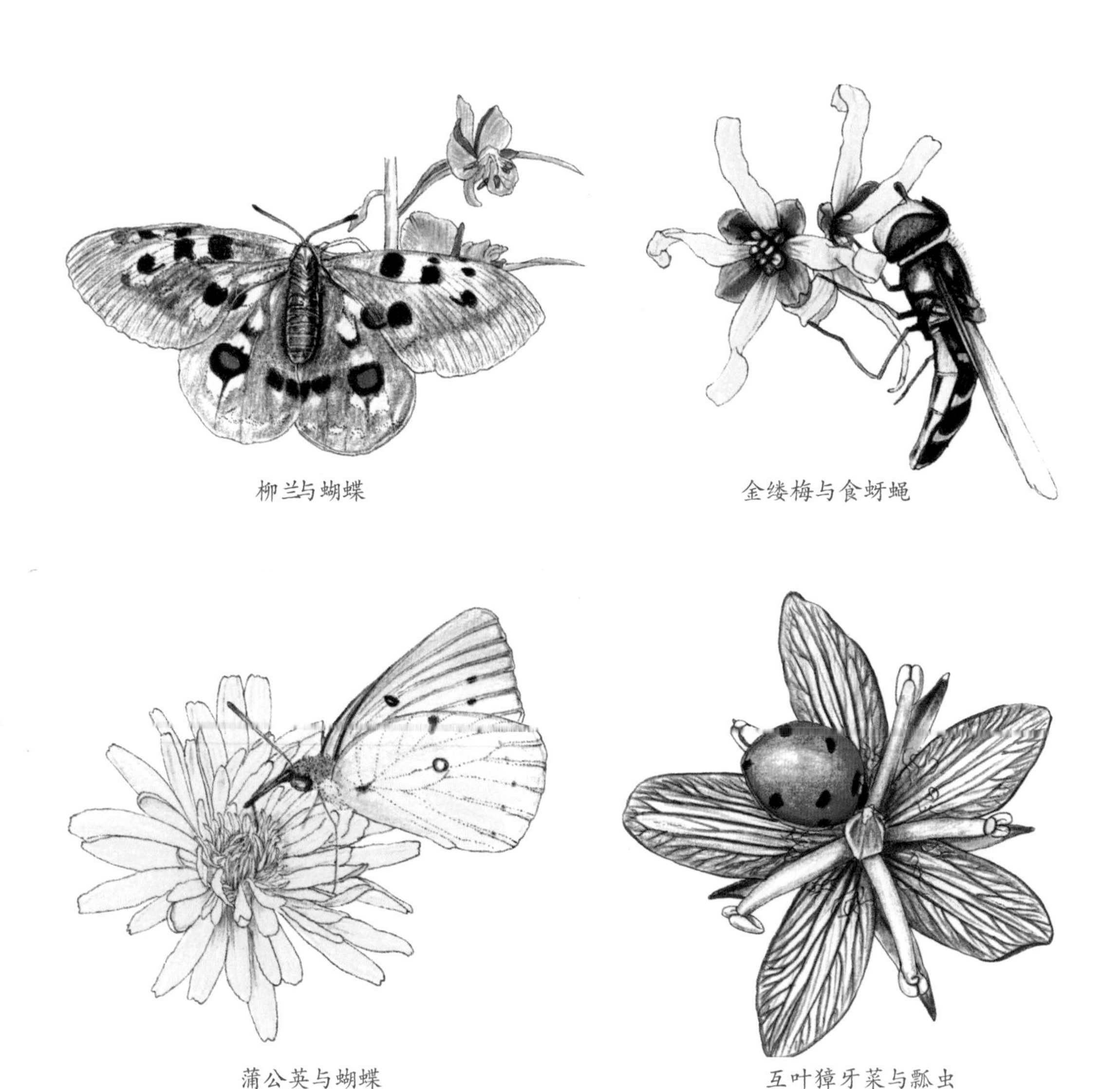

柳兰与蝴蝶　金缕梅与食蚜蝇

蒲公英与蝴蝶　互叶獐牙菜与瓢虫

虫媒花代表

鸟媒

通过鸟的觅食完成花粉的传播过程，称为鸟媒。有一类叫蜂鸟的鸟类，生长有较长的喙，通过吸食花中的蜜来获得食物，也因此就帮助一些植物传播了花粉。如芦荟、翠雀花等植物

其他动物媒

守宫花通过守宫蜥蜴传播花粉；帝王花通过啮齿类动物传播花粉；龙舌兰、香蕉和蝮齿花通过蝙蝠传播花粉

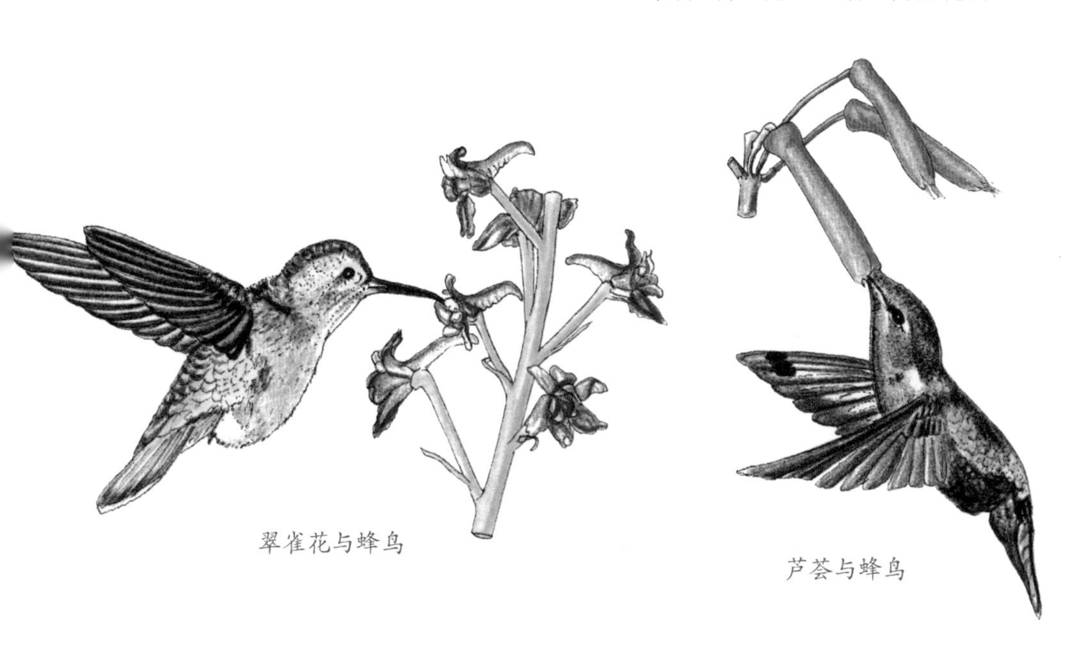

翠雀花与蜂鸟

芦荟与蜂鸟

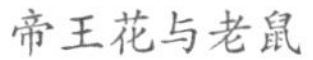

帝王花与老鼠

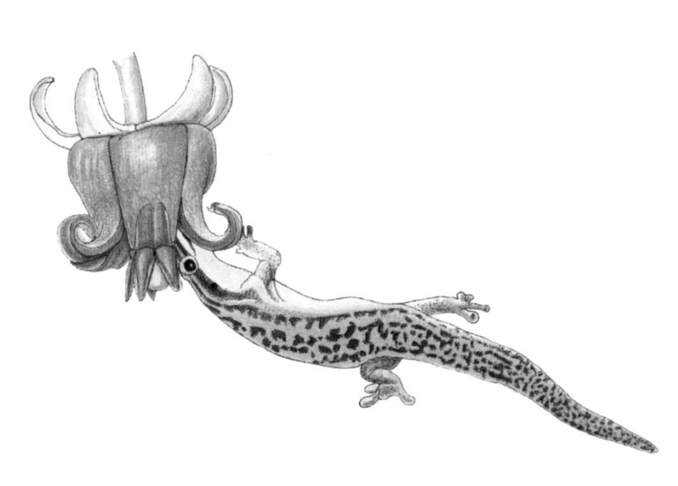

守宫花与日行守宫

第一课

认物 绘植

果与种子

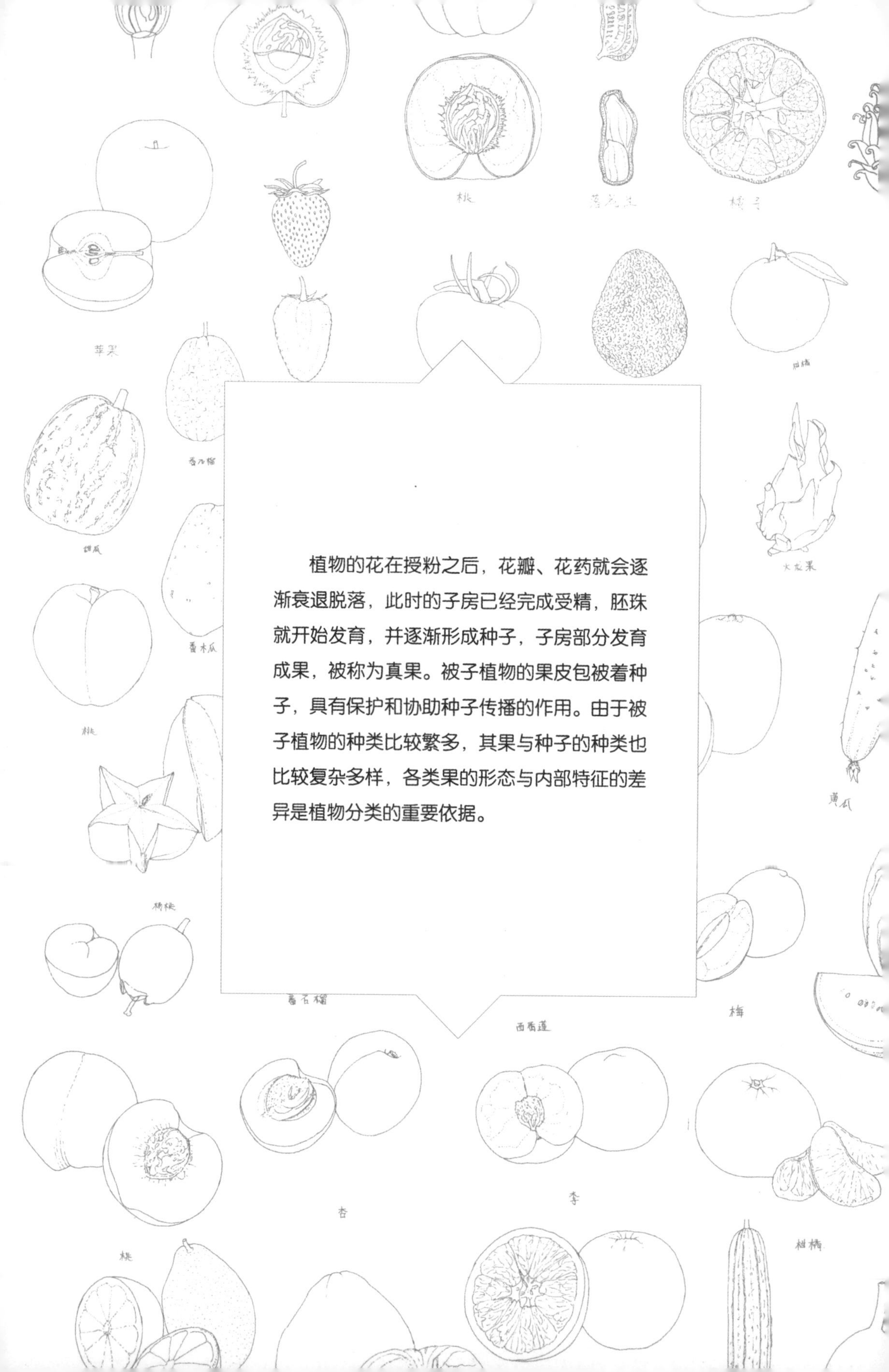

植物的花在授粉之后，花瓣、花药就会逐渐衰退脱落，此时的子房已经完成受精，胚珠就开始发育，并逐渐形成种子，子房部分发育成果，被称为真果。被子植物的果皮包被着种子，具有保护和协助种子传播的作用。由于被子植物的种类比较繁多，其果与种子的种类也比较复杂多样，各类果的形态与内部特征的差异是植物分类的重要依据。

向日葵
马兜铃
香椿果
秋水仙果
铁线莲
蓖麻果
罂粟果
冬瓜
荞麦
高粱
桔梗果
燕麦
小茴香
梨果—梨
木槿果
玉米
曼陀罗果
大麦
苍耳
棉花果
小麦
南瓜

真果

真果是由果皮和种子组成，其中果皮包藏着种子。果皮分为外果皮、中果皮和内果皮三个部分。其中，外果皮表面经常会有气孔、角质蜡被和表皮毛等。三层果皮的薄厚不一，而且不同果实的果皮差异较大。有些植物的果实分层的比较明显，一般中果皮会在结构上有较大的变化，由多汁和储存丰富营养物质的薄壁细胞组成，成为果实中可以食用的部分，如桃、杏等核果类；也有些植物的三层果皮相互混淆，分层不明显，很难找区分，如番茄的中果皮和内果皮；有些植物的中果皮变干收缩成膜质或者革质，如花生、蚕豆等；也有的成为疏松的纤维状，如柑橘类。内果皮在不同植物中变化也较大，如葡萄的内果皮肥厚多汁，胡桃和杏的内果皮是由骨质的石细胞构成。

01 果的形成与结构

大部分植物的果是由子房发育而成，被称为真果；有一些植物的果是由花托、花萼、花序轴等结构发育而成，被称为假果。

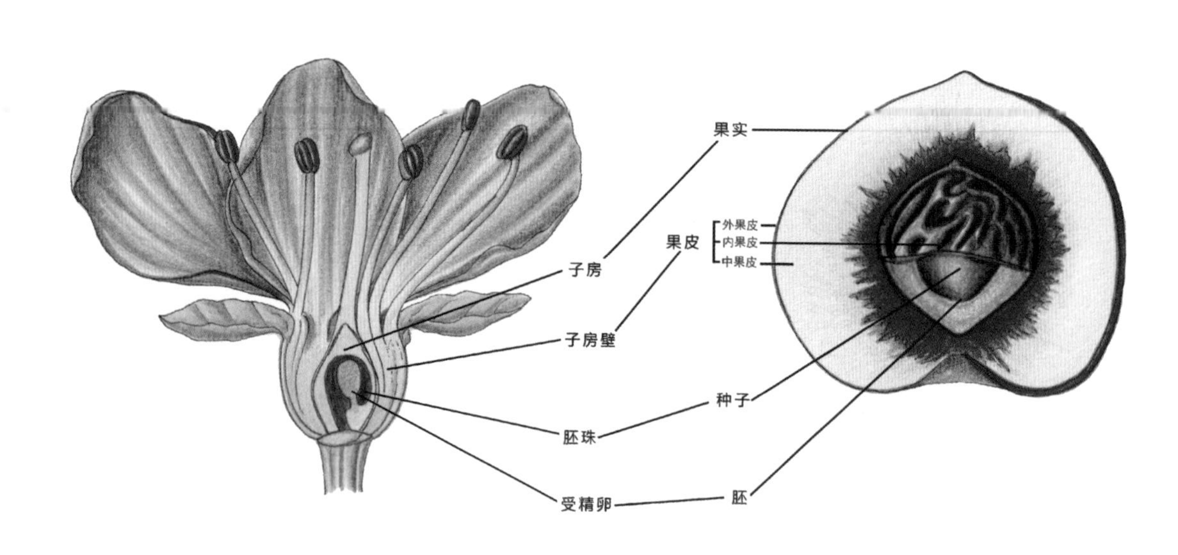

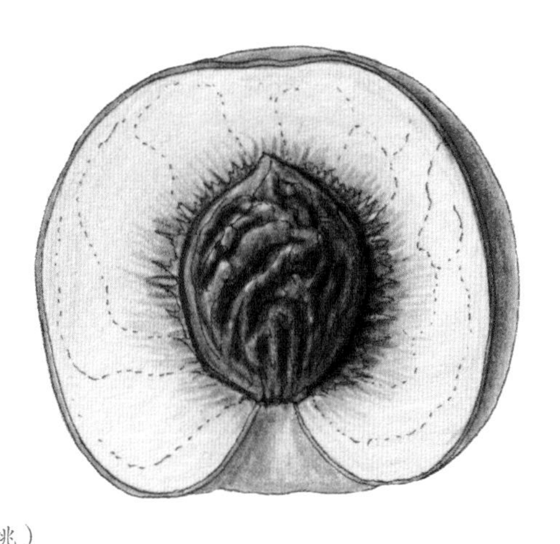

（桃）

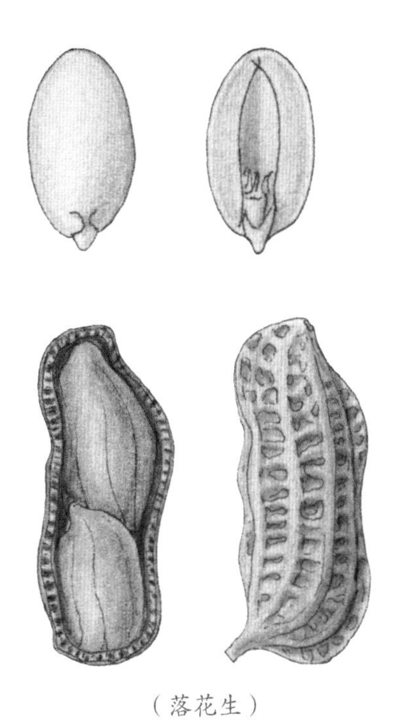

（落花生）

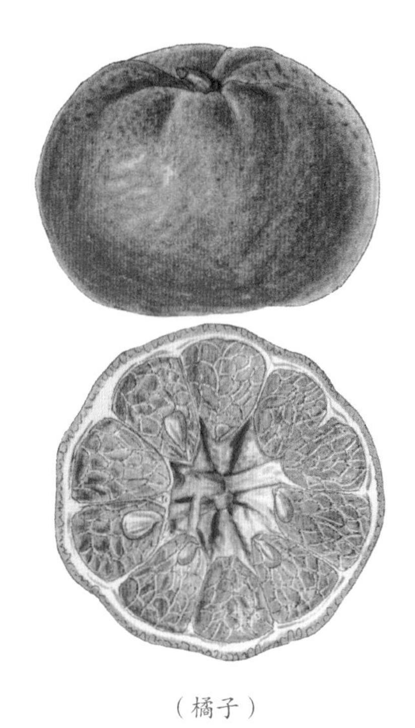

（橘子）

假果

假果的结构比较复杂，除了子房壁发育成果皮部分，还有其他部分参与，如苹果和梨的食用部分是由花托参与发育而成，中部不可食用部分是子房发育成，也可以分出外果皮、中果皮和内果皮三部分结构，其中的内果皮革质，较硬，里面包藏着种子，如草莓的肉质果实部分是由花托发育而来；无花果的果实中肉质部分是由花序轴发育而成。

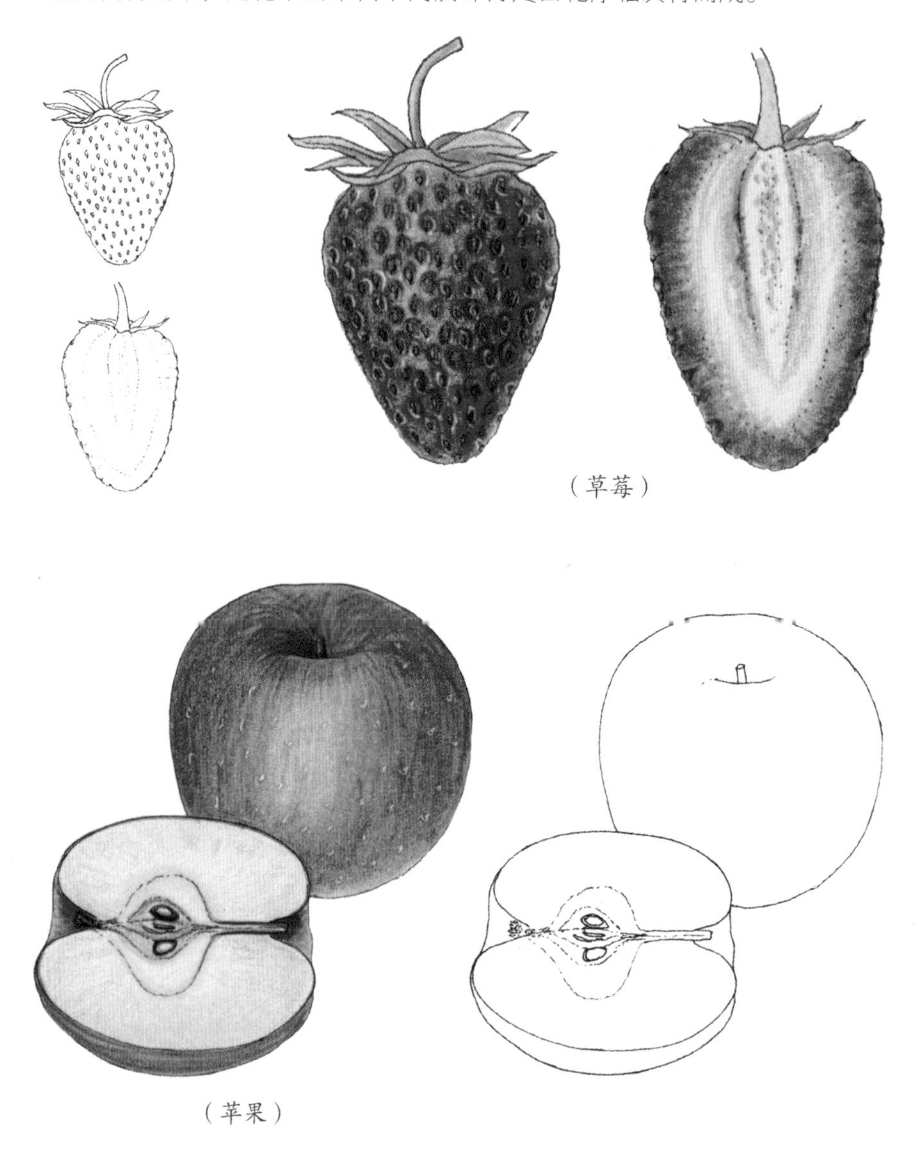

（草莓）

（苹果）

02 果的类型

果的种类随着植物种类的不同而繁多，分类的方法较多，根据果的来源可以分为单果、聚合果、聚花果（复果）、蔷薇果四大类。

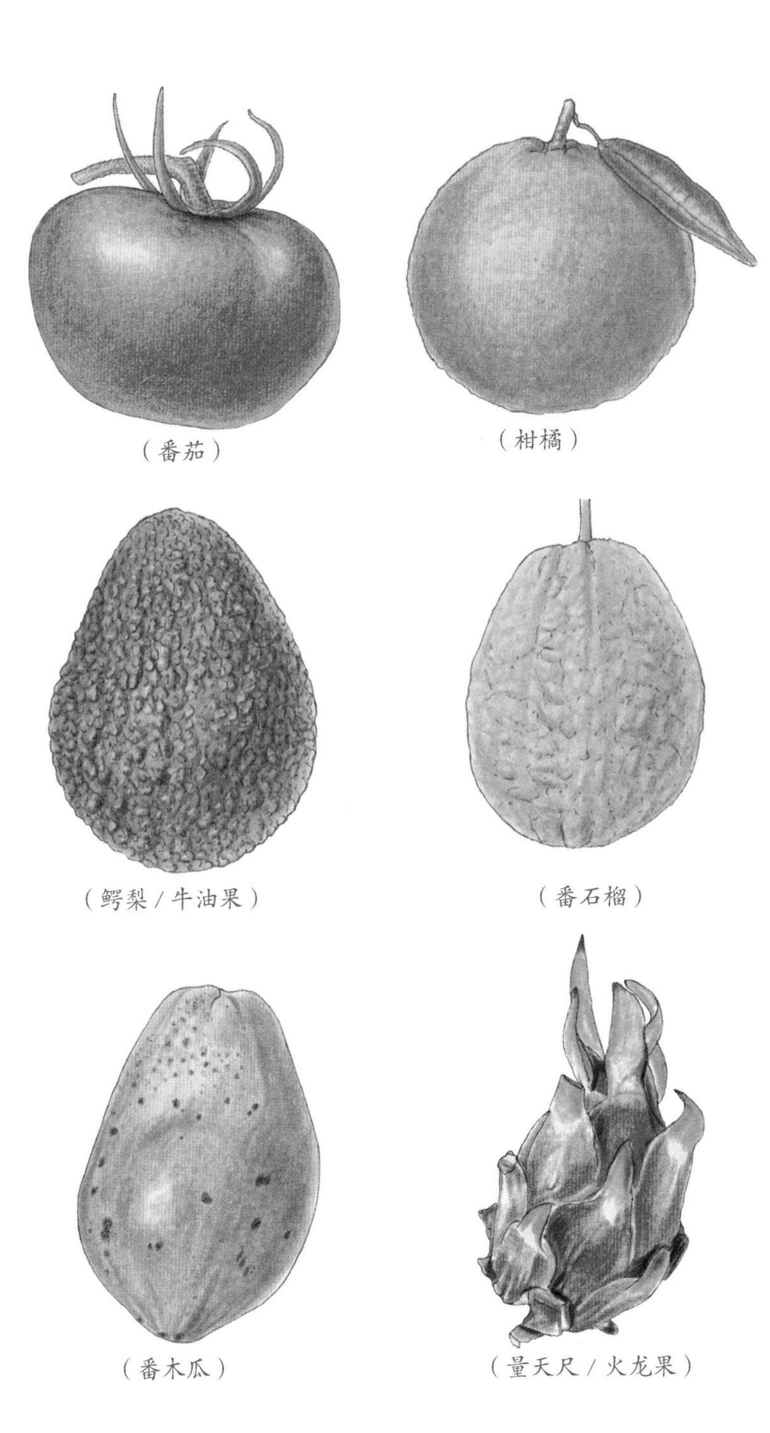

（番茄）　（柑橘）

（鳄梨 / 牛油果）　（番石榴）

（番木瓜）　（量天尺 / 火龙果）

单果

由一朵花中的单一雌蕊发育而成，可以分为肉质果与干果两类。

肉质果

果成熟之后肉质多汁，根据果实的性质和来源的不同，可以分为如下几种。

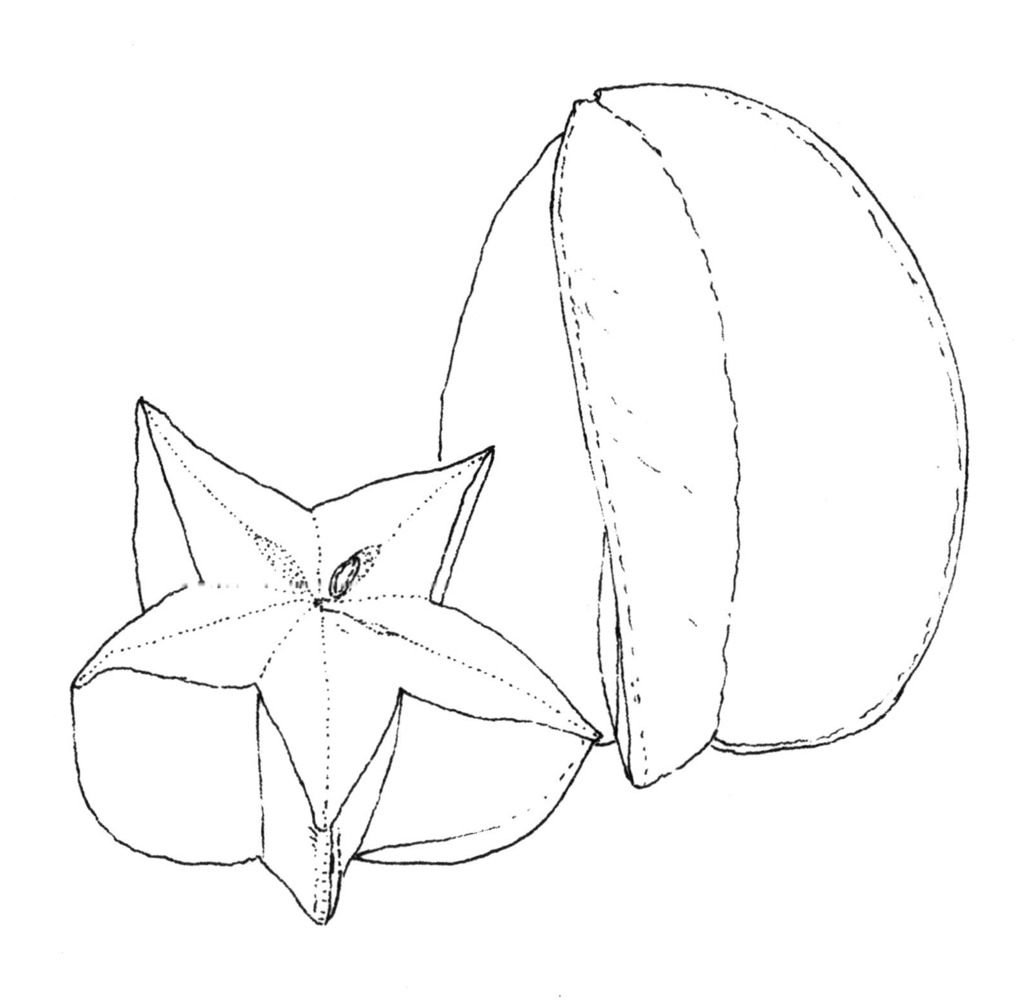

由子房单独或者联合花的其他部分器官发育成的柔软多汁的肉质果。外果皮由一到数层薄壁细胞组成，中果皮一般与果肉很难区分，中果皮、内果皮和胎座均肉质化，并且含有丰富的浆汁，如葡萄、番石榴等

（葡萄）

（猕猴桃）

（杨桃）

（番石榴）

（鸡蛋果）

（蓝莓）

核果

其外果皮膜质，中果皮肉质，内果皮木质化形成核，如桃、杏等

柑果

其外果皮厚而致密；中果皮较疏松，呈海绵状；内果皮膜质分室，内壁上密布着平而膨大多汁的囊状毛，包围着种子。如橘子、柚子等

（李） （杏）

核果代表

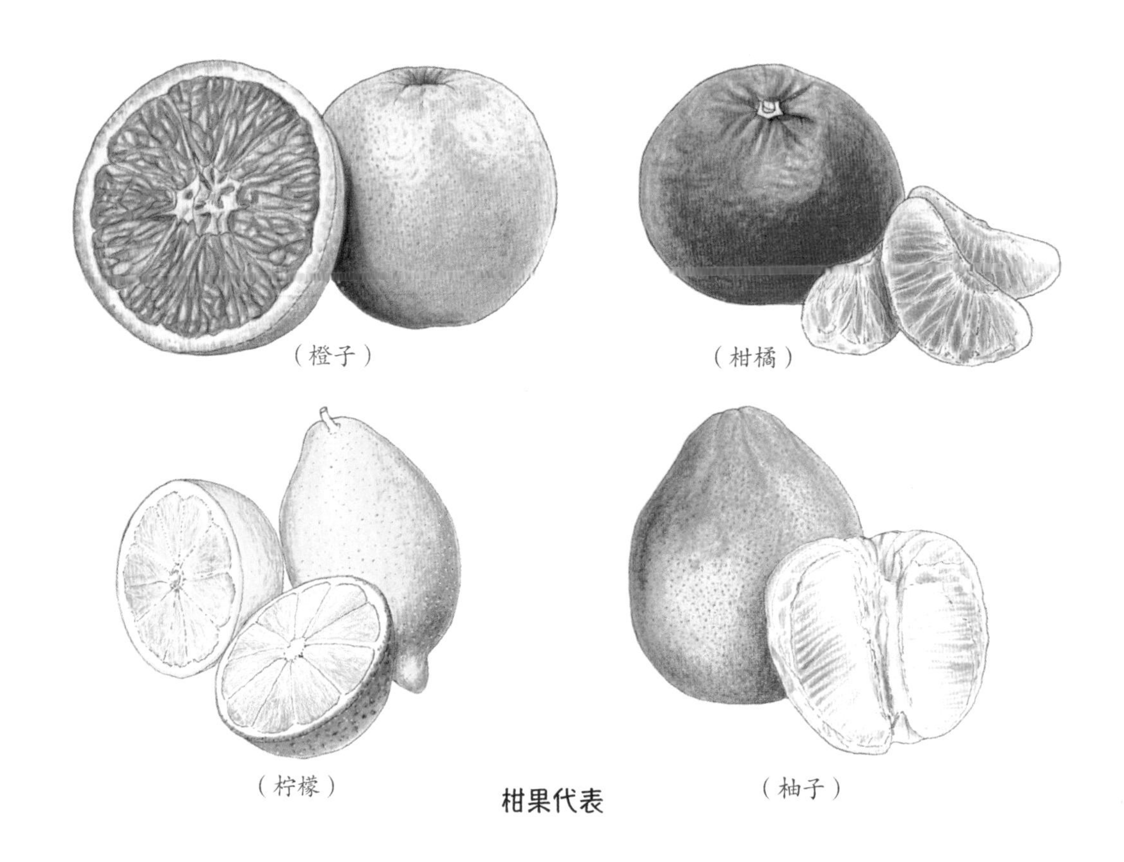

（橙子） （柑橘）

（柠檬） （柚子）

柑果代表

果实的肉质部分由子房和被丝托共同发育而成的假果。如丝瓜、黄瓜，我们食用的是它们的整个果实；冬瓜和南瓜，食用的是外果皮和中果皮；西瓜所食用的部位是原来的胎座

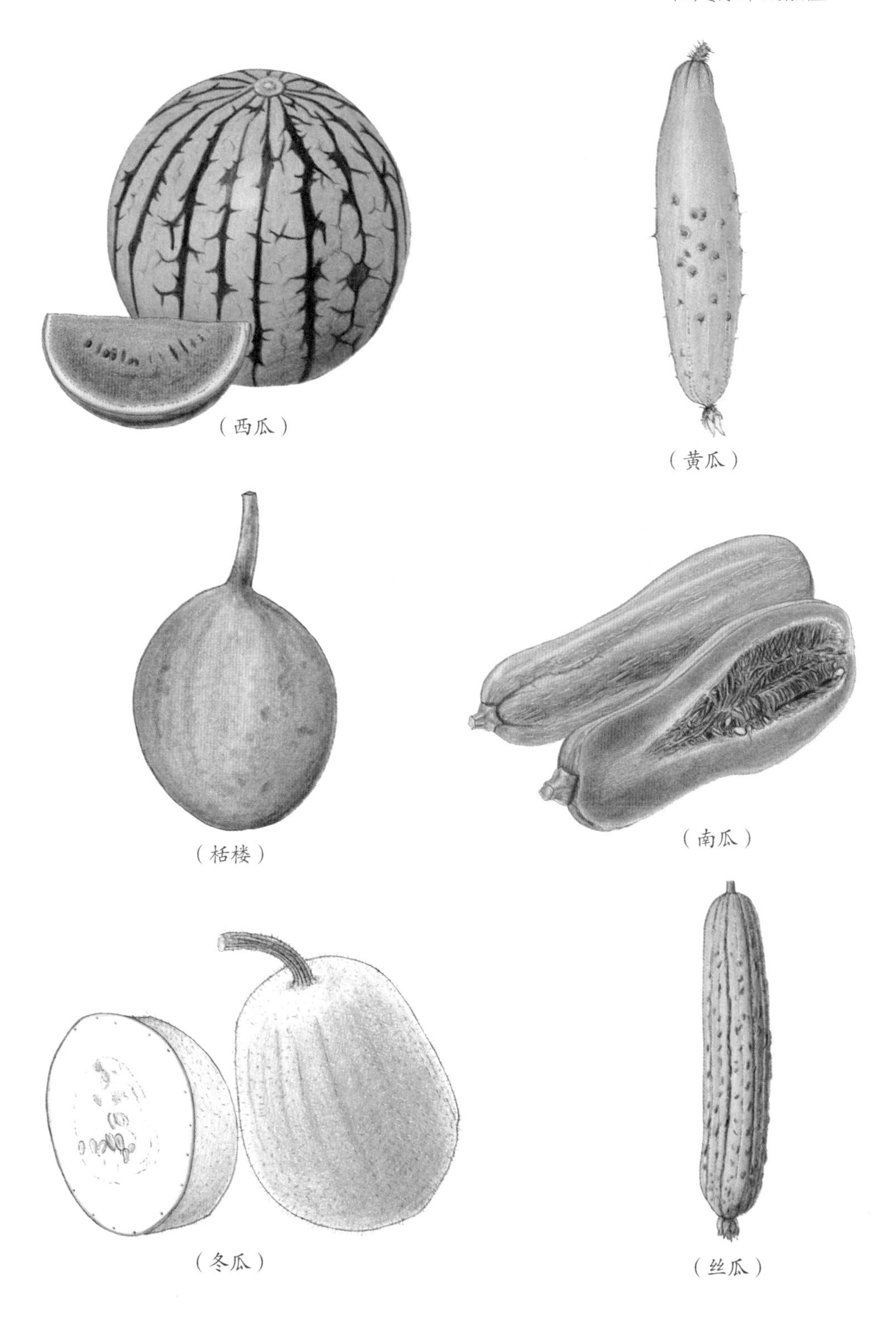

（西瓜）

（黄瓜）

（栝楼）

（南瓜）

（冬瓜）

（丝瓜）

梨果

是由下位子房的花托和子房壁发育而成的一种假果。其中的子房发育成了木质化的子房室（内果皮）；花托发育成了果肉（含外果皮与内果皮，外果皮较薄，与中果皮不容易区分），胚珠发育成了种子。如苹果、梨等

（梨）

（山楂）

（枇杷）

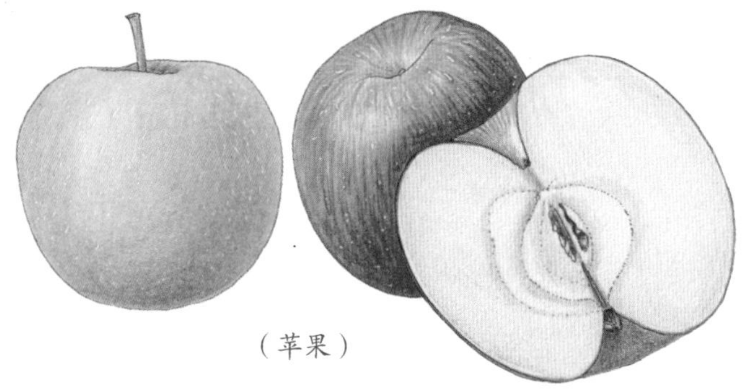

（苹果）

干果

果实在成熟之后，果皮较干燥，可以分为一下几种。

瘦果

果皮坚硬，干燥不易开裂，里面只有一粒种子；果皮与种皮仅有一处相连接，很容易分离开，如向日葵

（毛茛）

（蒲公英）

（向日葵）

（铁线莲）

（荞麦）

果皮比较坚硬，里面只有一个由单个心皮成长发育而成的种子

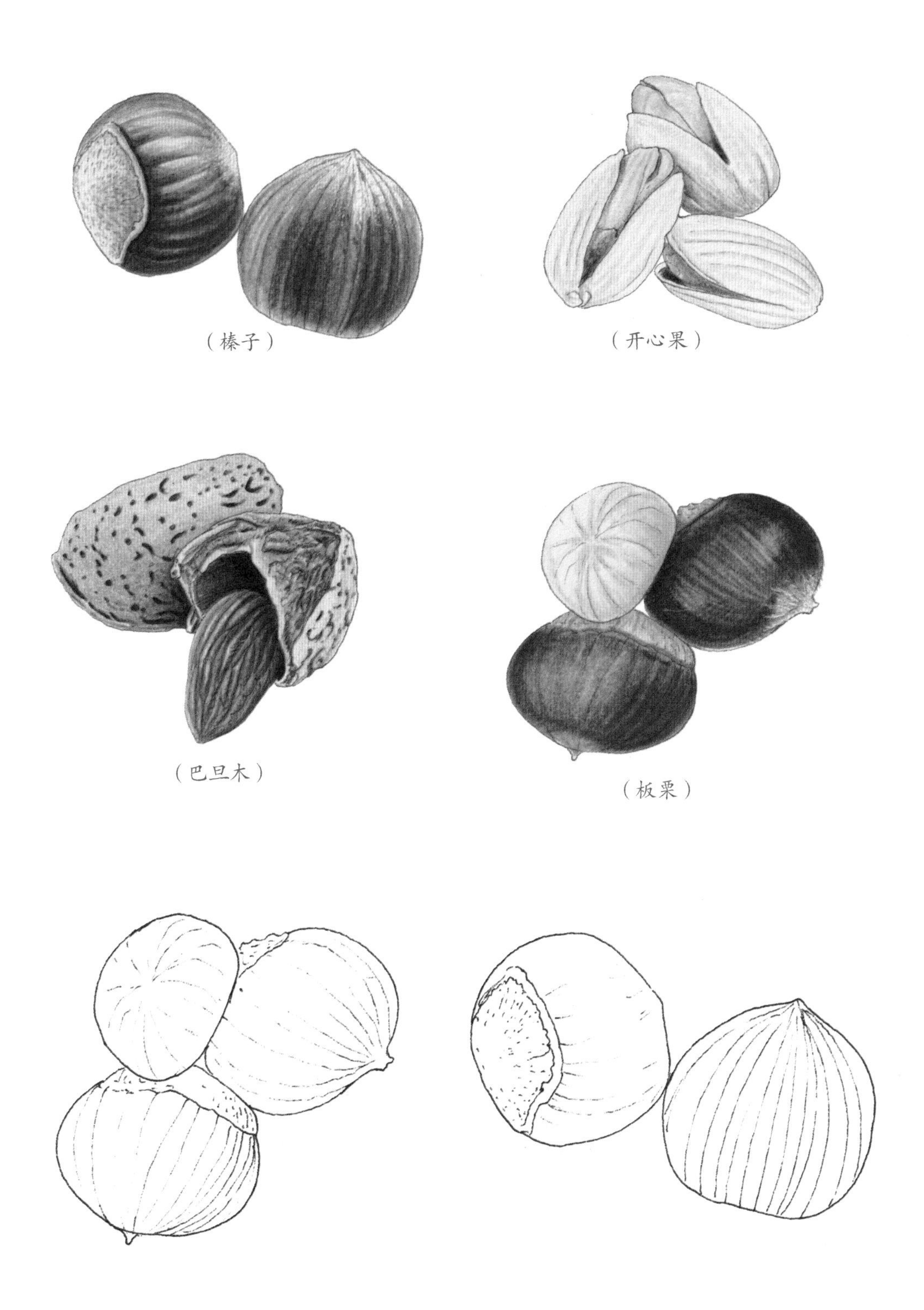

（榛子）

（开心果）

（巴旦木）

（板栗）

颖果

又叫单果，是禾本科植物特有的果实类型。其果实发育成熟之后，果皮与种皮结合很紧密，必须借助特殊的碾磨工具才能将其分开。很多颖果聚生在一起，形成穗，如水稻、玉米等

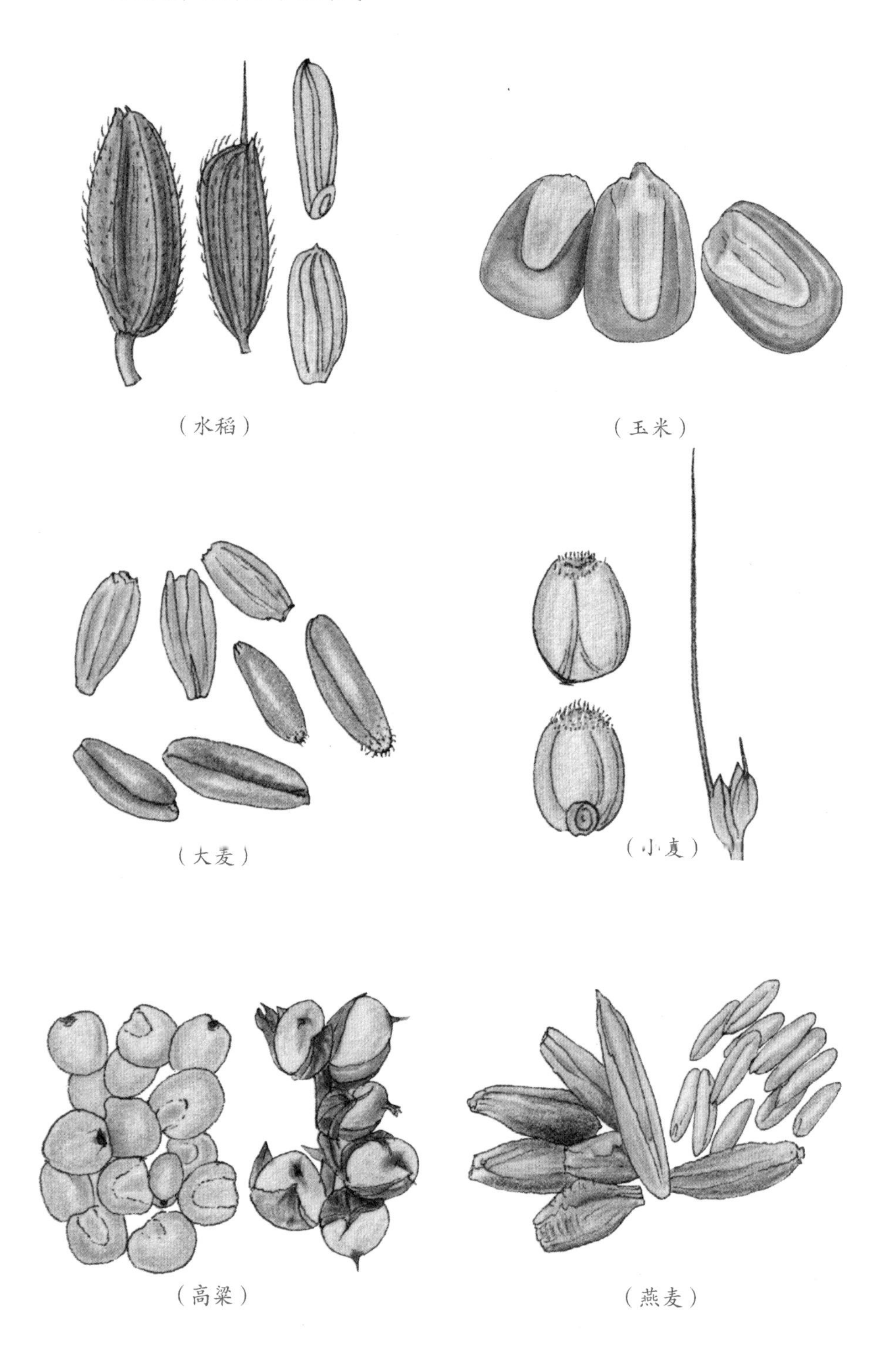

（水稻）（玉米）

（大麦）（小麦）

（高粱）（燕麦）

在果实两侧心皮合生的部位形成 2 条腹缝线，发育过程中腹缝线之间会形成隔膜，这个隔膜并非由胎座发育而成，因而被称为假隔膜。种子着生在假隔膜两侧。果实成熟后果皮会沿腹缝线开裂脱落，而种子随假隔膜则一直存留于果柄之上。角果是十字花科植物特有的果实类型，可分为长角果和短角果两种

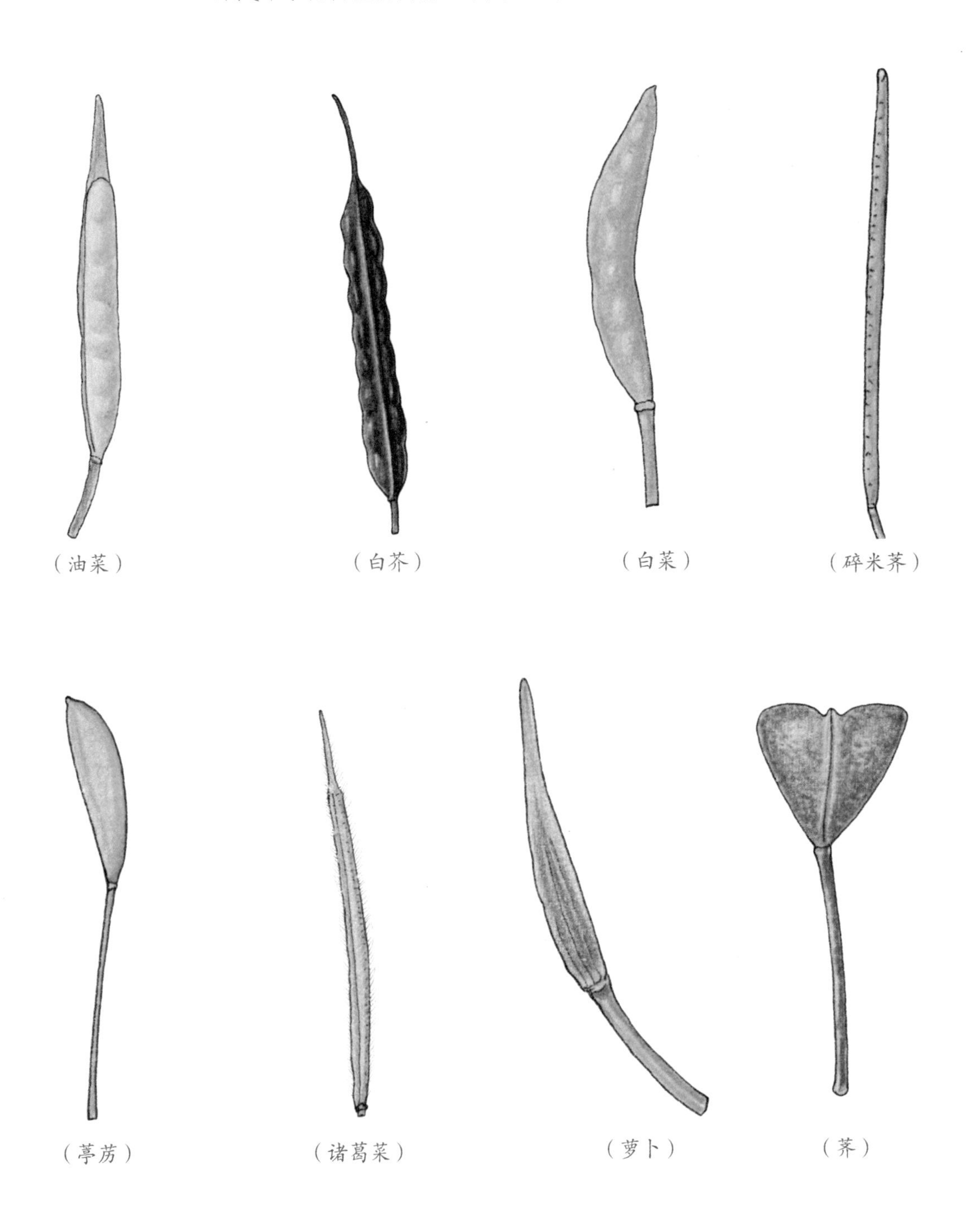

（油菜） （白芥） （白菜） （碎米荠）

（葶苈） （诸葛菜） （萝卜） （荠）

荚果

由单心皮发育而成果实。果皮在果实成熟后，大部分会沿腹缝线和背缝线开裂成两片，弹出或者露出里面的种子。有的荚果成熟后不开裂，如紫荆、皂荚；有的荚果成熟后，在种子间隔处断裂，如含羞草、山蚂蟥；有的荚果呈螺旋状，如苜蓿；还有的荚果呈肉质的念珠状，如槐，不同植物荚果的长短与大小不一

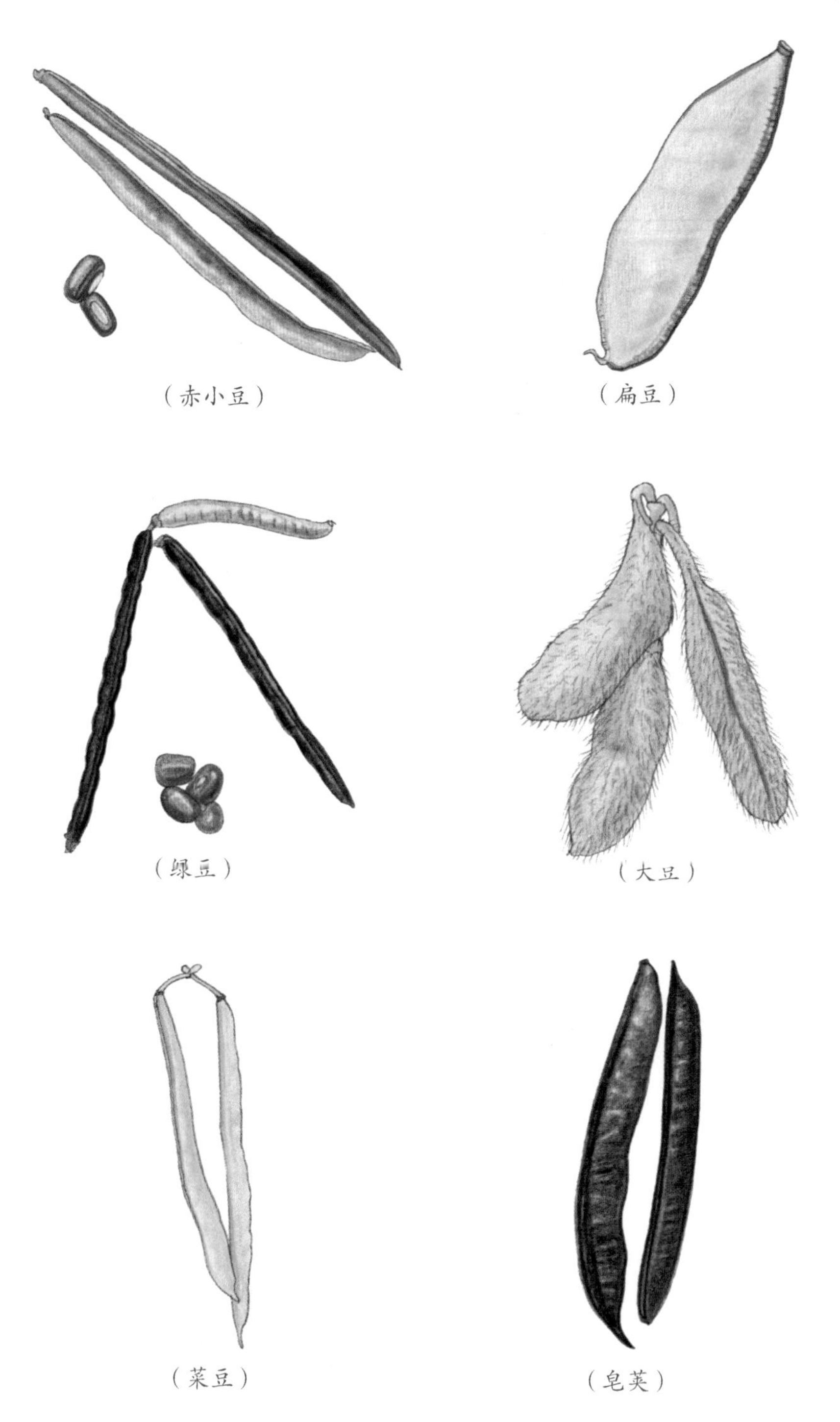

（赤小豆） （扁豆）

（绿豆） （大豆）

（菜豆） （皂荚）

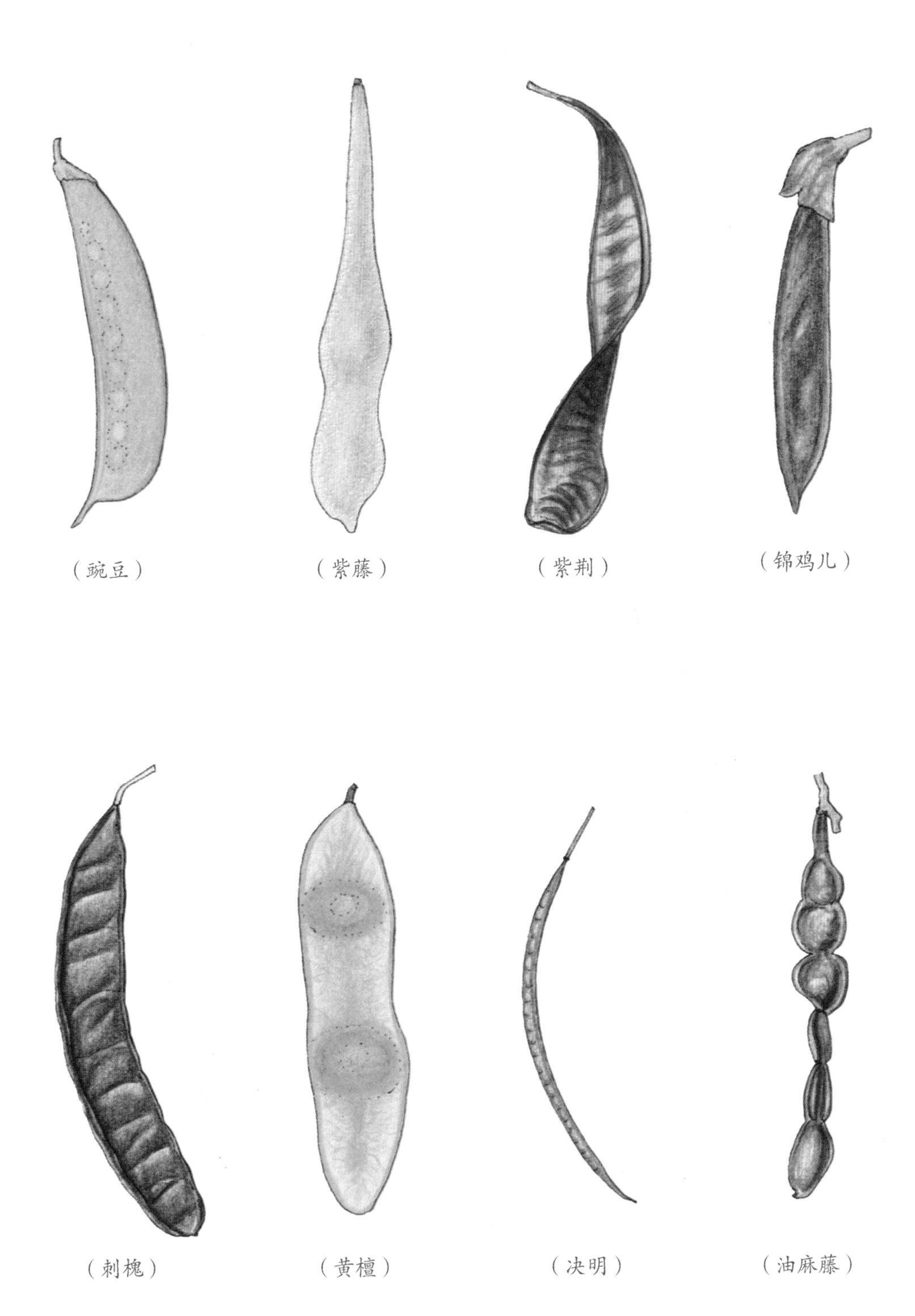
（豌豆）
（紫藤）
（紫荆）
（锦鸡儿）
（刺槐）
（黄檀）
（决明）
（油麻藤）

蒴果

干果的一种，子房 1 室或多室，每室有多粒种子。

成熟之后的开裂方式有室间开裂（如马兜铃、蓖麻等）、室背开裂（如百合、鸢尾等）

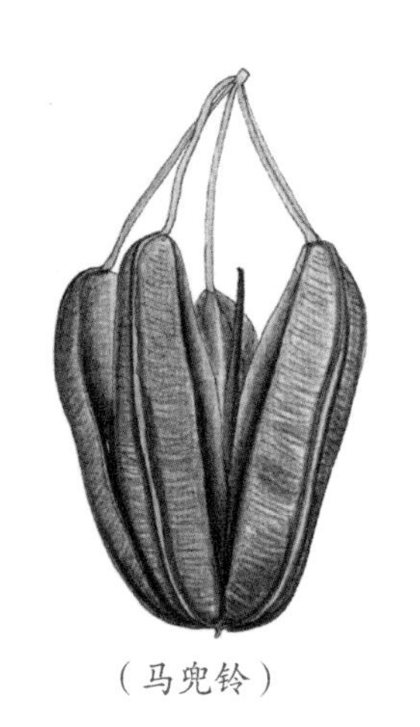

（马兜铃）

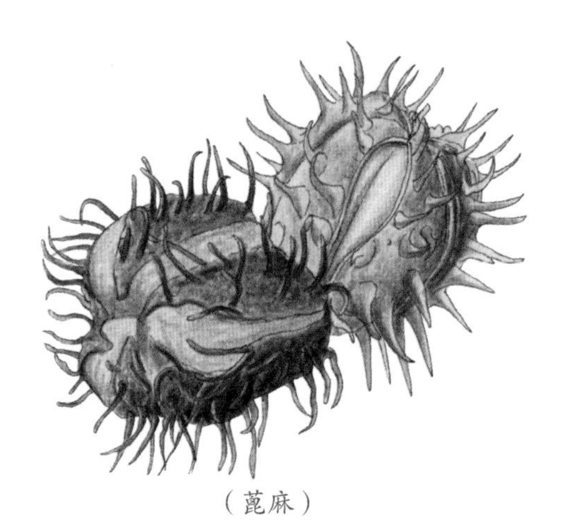

（蓖麻）

（棉花）

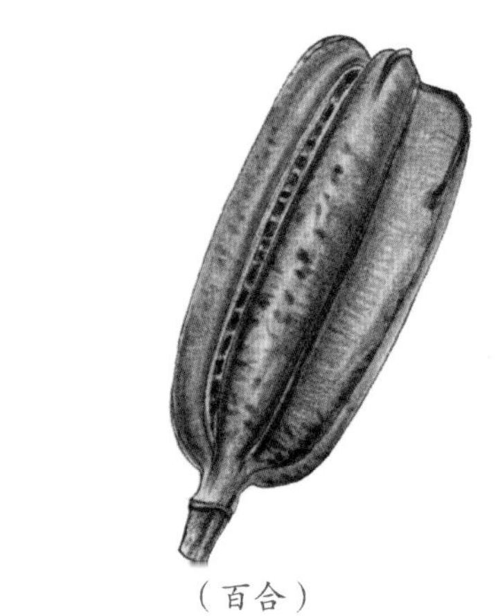

（百合）

（鸢尾）

（木槿）

室轴开裂（如牵牛、曼陀罗等）；孔裂（果实的顶端呈小孔状开裂，种子由小孔处散出来，如罂粟、桔梗等）；盖裂（果实中部呈环状开裂，上部的果皮呈帽状脱落，如马齿苋、车前草等）；齿裂（果实的顶端呈齿状开裂，如王不留行、瞿麦等）

（牵牛花）

（曼陀罗）

（罂粟）

（秋水仙）

（桔梗）

（香椿）

双悬果（分果）

由 2 枚心皮合生雌蕊发育而成，果实成熟之后心皮分离成 2 个分果，背面有 5 条棱，挂在心皮柄的上端部位，每个分果内含有 1 粒种子， 种子包含在心皮里面，成熟之后脱离。双悬果常见于伞形科植物

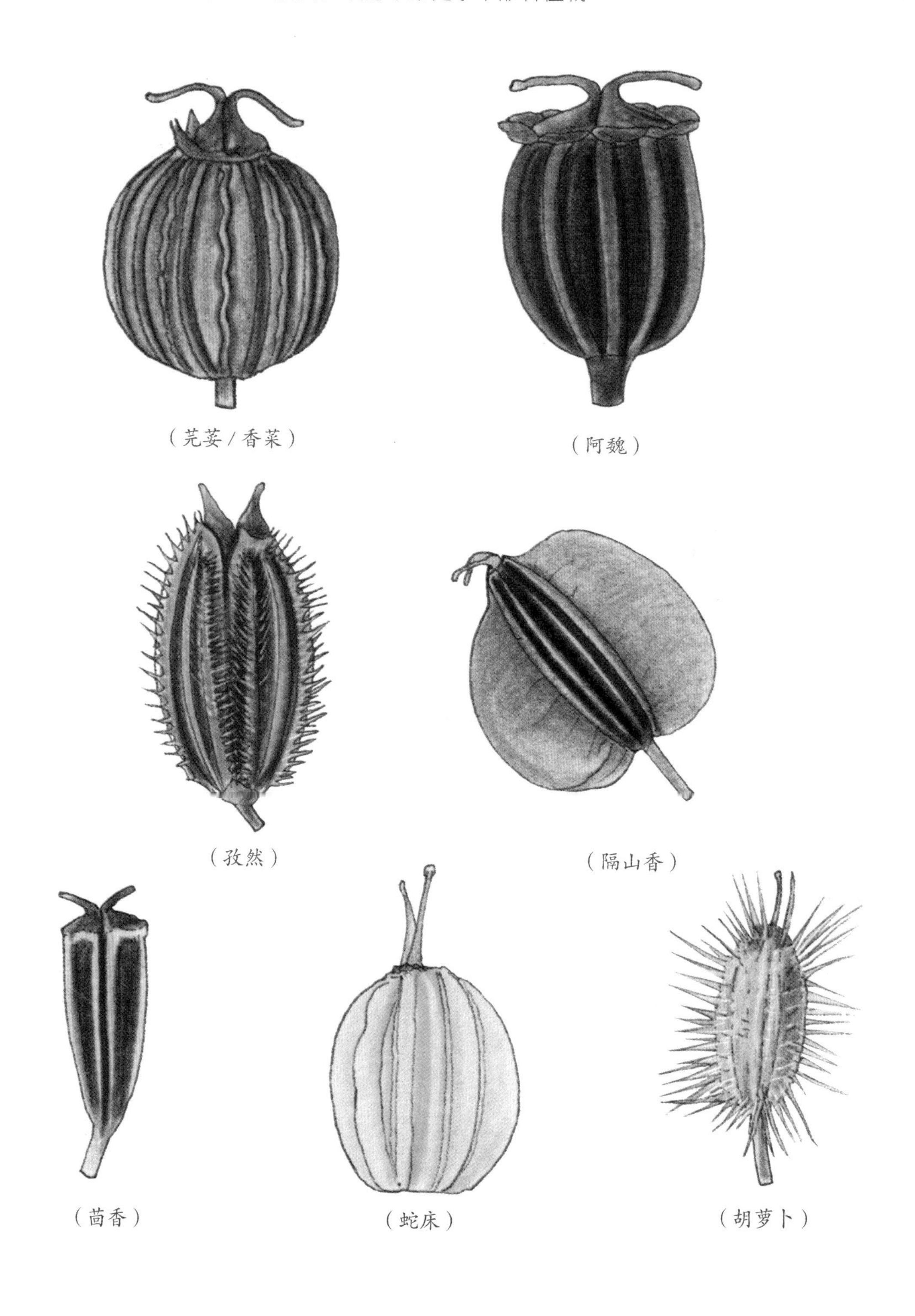

（芫荽 / 香菜）

（阿魏）

（孜然）

（隔山香）

（茴香）

（蛇床）

（胡萝卜）

又叫翼果，在子房壁上生长出由纤维组织构成的薄翅状附属物。在果实成熟之后，翅会借助风的力量把果实带到离开母树很远的地方发芽生长。如榆科榆属的果实，果皮部位全部变成了一个翅膀；槭树科的果实则是由两个离生心皮构成的果皮，分别变成了一个翅

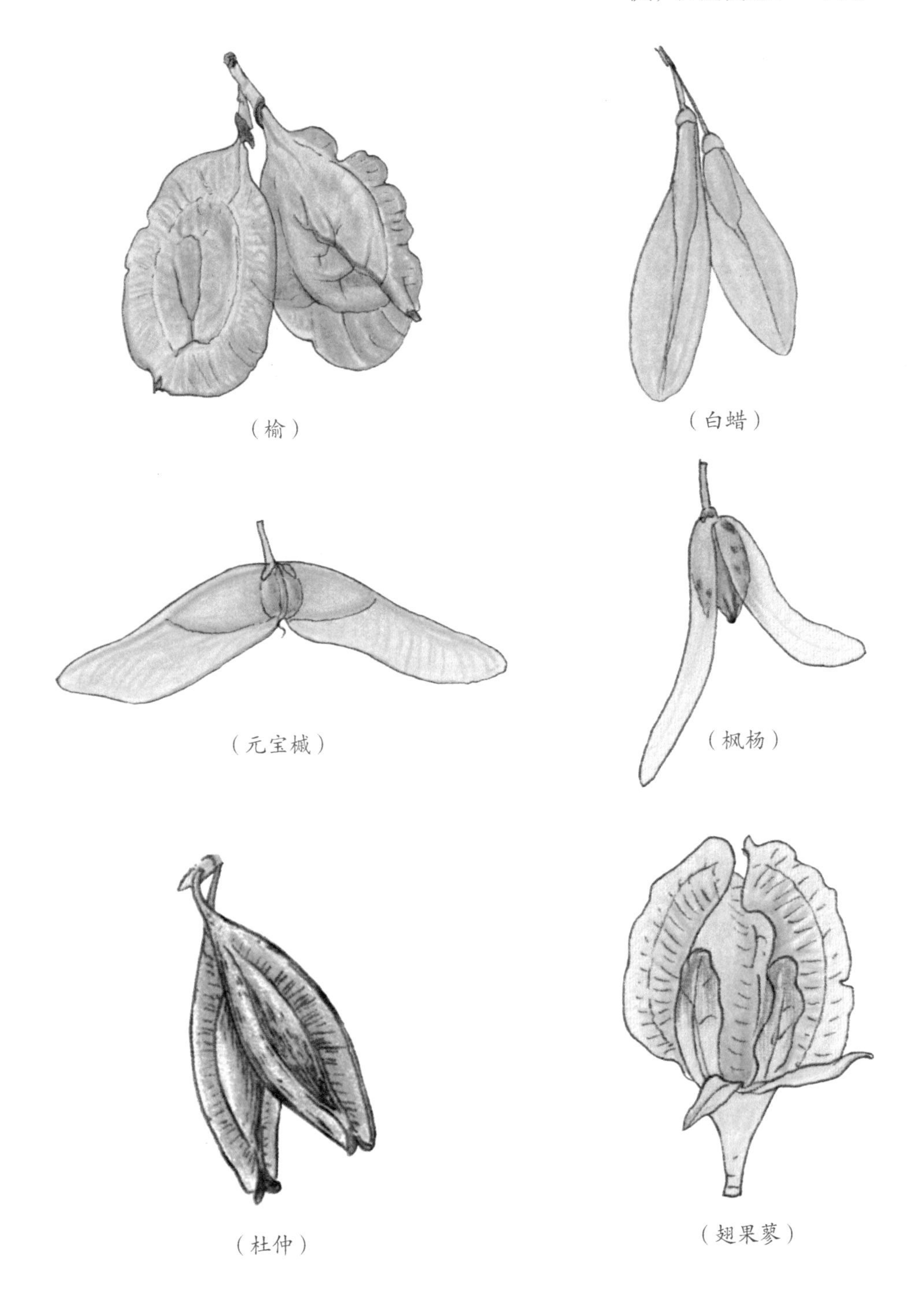

（榆）

（白蜡）

（元宝槭）

（枫杨）

（杜仲）

（翅果蓼）

蓇葖果

由单个雌蕊发育而成的果实，成熟时，仅沿一条腹缝线开裂，如梧桐、牡丹等

聚花果

也叫复果、花序果，由生长在一个花序上的许多花和其他花器联合发育而成。如，桑葚的果实是由雌花序发育而成，每一个雌花的子房发育成一个小单果（核果），包藏在厚而多汁的花萼中；我们所食用的多汁的肉质部分是雌花的花萼。

有些复果在成熟之后，会变成较大的果实，如凤梨、面包树等；有的果实很小，如桑葚。

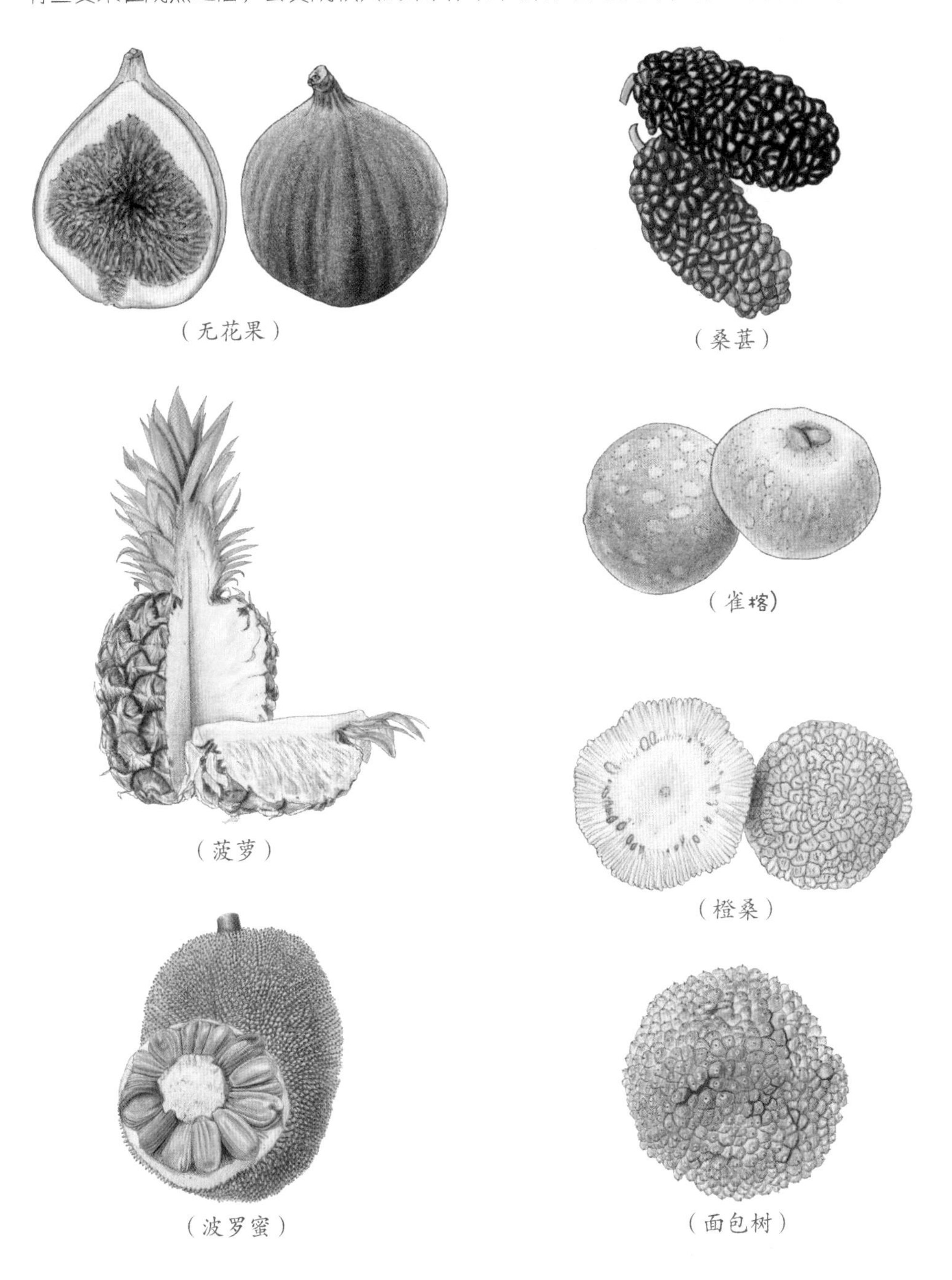

（无花果）（桑葚）

（菠萝）（雀榕）

（橙桑）

（波罗蜜）（面包树）

聚合果

由一朵花中的多枚离生心皮发育而成的果实，也称为花序果、复果。每一个心皮都会形成一个独立的小单果，集中生长在膨大的花托上。

根据聚合果小果的不同，可以分为聚合果（玉兰、金莲花等）、聚合坚果（莲）、聚合瘦果（草莓、毛茛等）、聚合核果（悬钩子、覆盆子等）、聚合浆果（番荔枝、五味子等）。

（草莓）（悬钩子）

（番荔枝）（莲蓬）

（南五味子）（五味子）

蔷薇果

是专属蔷薇科植物的果实，也是一种假果。由一朵花的子房和花托一起发育而成。

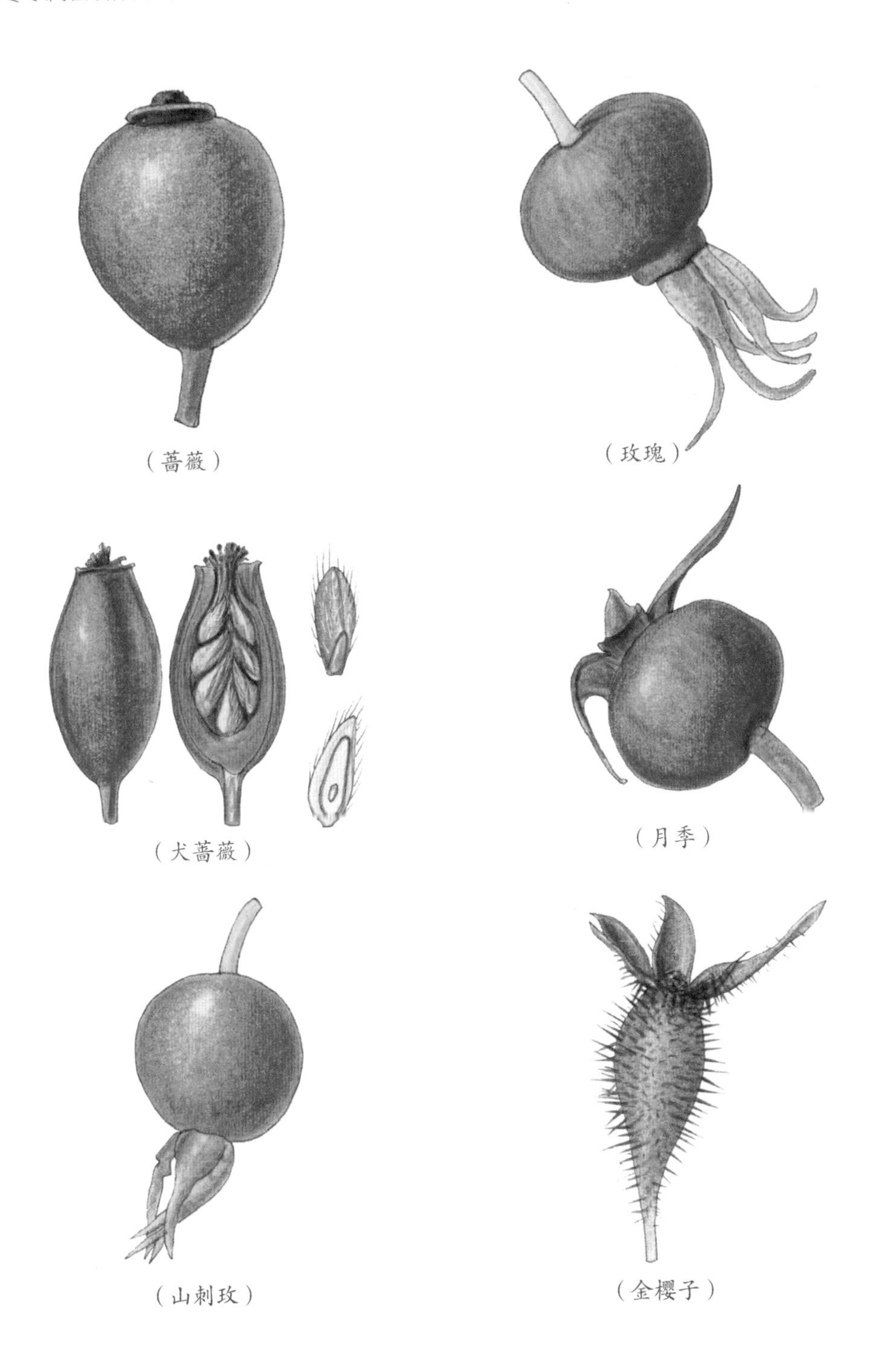

（蔷薇）

（玫瑰）

（犬蔷薇）

（月季）

（山刺玫）

（金樱子）

种子的结构与类型

种子的形态结构

植物种子的质量大小、形状、颜色和结构会因不同的植物种类而各不相同。其质量大小各有差别，例如刀豆的种子比较大，罂粟的种子就很小；形状有圆形、椭圆形、三角形、扁圆形、肾形等；颜色有红色、黑色、白色、黄色，以及带有各种色彩或者斑纹等；有的种子还生长有附属物，如翅或者绒毛。

种子的形态，颜色和大小虽然较多，但在结构方面比较一致，一般是由种皮、胚和胚乳组成。

种子是种子植物特有的有性繁殖结构，正因为各种植物种子的存在，我们所生存的地球才会变得充满生机，人类和众多动物才能健康地生活与繁衍生息。不同气候带和不同环境中的种子休眠对所生存的环境有较强的适应能力，也是应对炎热干旱与严寒等不良环境的最好方法。只要环境条件合适，休眠的种子就会萌芽生长。同时，种子也有各种适应传播的机制，会通过与自然环境和动物的配合，把种子送到新的分布地点生存和定居下来。

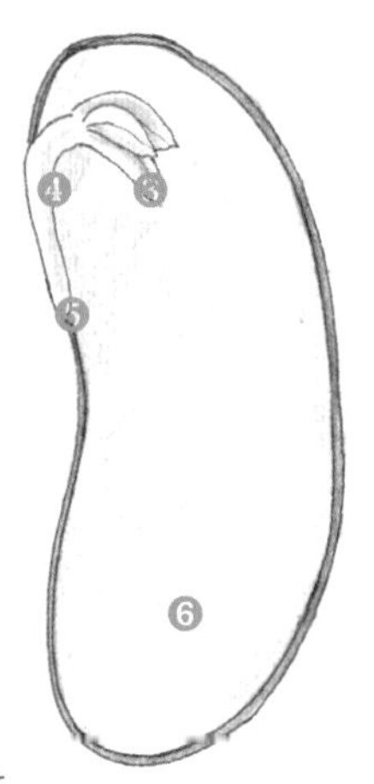

❶ 种脐
❷ 种皮
❸ 胚芽
❹ 胚轴
❺ 胚根
❻ 子叶

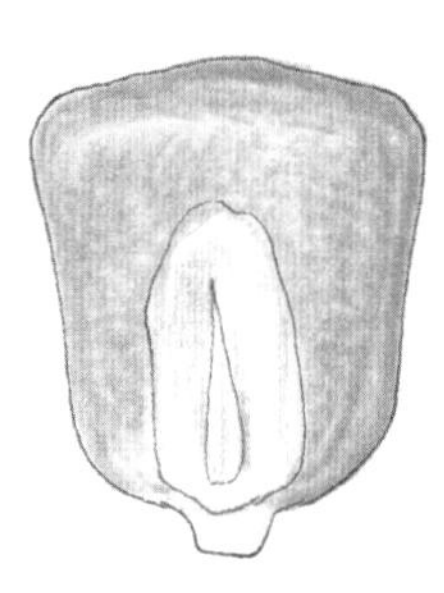

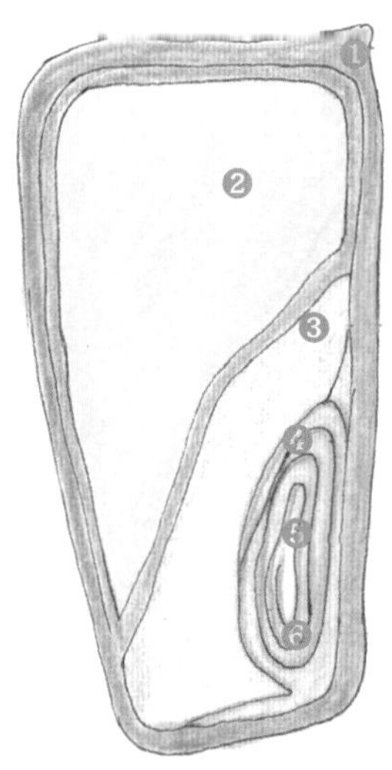

❶ 种皮
❷ 胚乳
❸ 子叶
❹ 胚芽
❺ 胚轴
❻ 胚根

种皮

种皮是种子最外层的包被结构，主要功能是保护种子内部的胚，避免机械组织损伤、病虫害和水分的丢失。有些植物种子的种皮控制种子萌发；有些植物种子的种皮外部特化成毛和翅，借助外部力量进行种子的传播。

种皮由外表皮层、内薄壁细胞、内厚壁细胞或两种类型细胞都有。细胞类型不同会导致种皮的性质差别较大。如红松种子的种皮厚而硬；向日葵、落花生的种皮很薄；石榴的种皮可以食用；棉花的种皮有很长的毛。

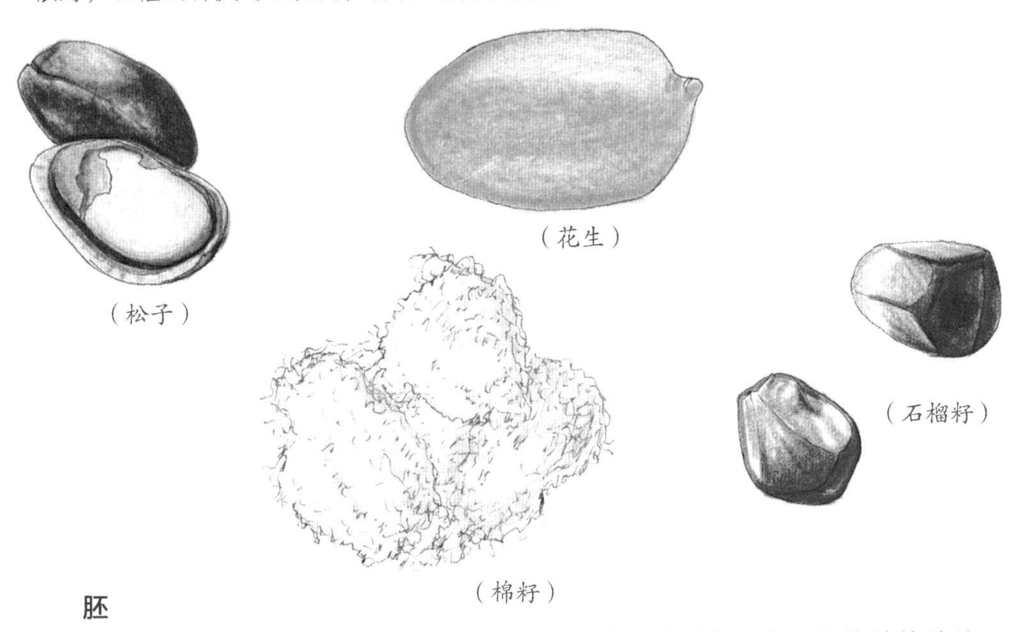

（松子）（花生）（石榴籽）（棉籽）

胚

一粒种子的最重要部分是胚，是由受精卵发育而成的新一代多细胞结构的幼体，所有的细胞都是胚性细胞，植物器官的形态发生就是从胚开始。

胚的组成结构主要分胚根、胚轴、胚芽和子叶4部分。胚根是由根端的生长点和根冠组成；胚芽由茎顶端的生长点和幼叶组成；连接胚根和胚芽的结构是胚轴，很短且不明显，只有在种子萌发的时候才生长变大，将来成为植物的茎；子叶是植物最开始的叶子，含有淀粉等重要元素，供种子萌芽时期使用。

种子内的子叶数量是1片的，是单子叶植物，两片子叶的是双子叶植物。

胚乳

在种皮和胚之间是胚乳，它是种子营养物质储藏的地方，为种子的萌发提供能量。有的植物的种子在生长发育过程中，营养物质被胚所吸收，之后转入子叶中进行储存，等到种子成熟之后就没有胚乳，营养储藏在子叶里面。这些储藏的营养物质主要包含有糖、蛋白质和脂肪，少量无机盐和维生素，不同的种子所含的数量各不相同，一般在粮食类的种子中含量较高。

种子的类型

植物的种子主要分为有胚乳种子和无胚乳种子两种类型。

有胚乳种子

植物的种子在生长成熟之后具有胚乳，称为有胚乳种子。此类种子的胚乳较大，胚相对较小。在大多数的单子叶植物和部分双子叶植物中都有胚乳种子，如小麦、水稻、芍药、蓖麻等。

无胚乳种子

植物的种子在生长成熟时缺乏胚乳，称为无胚乳种子。此类种子仅有种皮和胚两部分结构。此类种子在发育成熟的过程中，把胚乳中所储藏的营养成分转移到了子叶里面，由此形成了肥厚的子叶，如落花生、各种豆类等种子。

种子的萌发与幼苗的发育

种子是植物有性繁殖之后所形成的特殊生命个体，遇到合适的条件之后，种子的内部就会发生一系列的生理变化，胚开始生长发育成幼苗，这个过程称为种子的萌发。

种子的寿命和休眠

种子的寿命是指种子在一定储藏条件下所保持的最长生命力的期限，其生活力主要是看胚是否具有生命，这也是种子是否可以在适宜条件下萌发的重要前提，可以采用种子发芽率的测定方法获得种子的寿命和有生命力的种子。

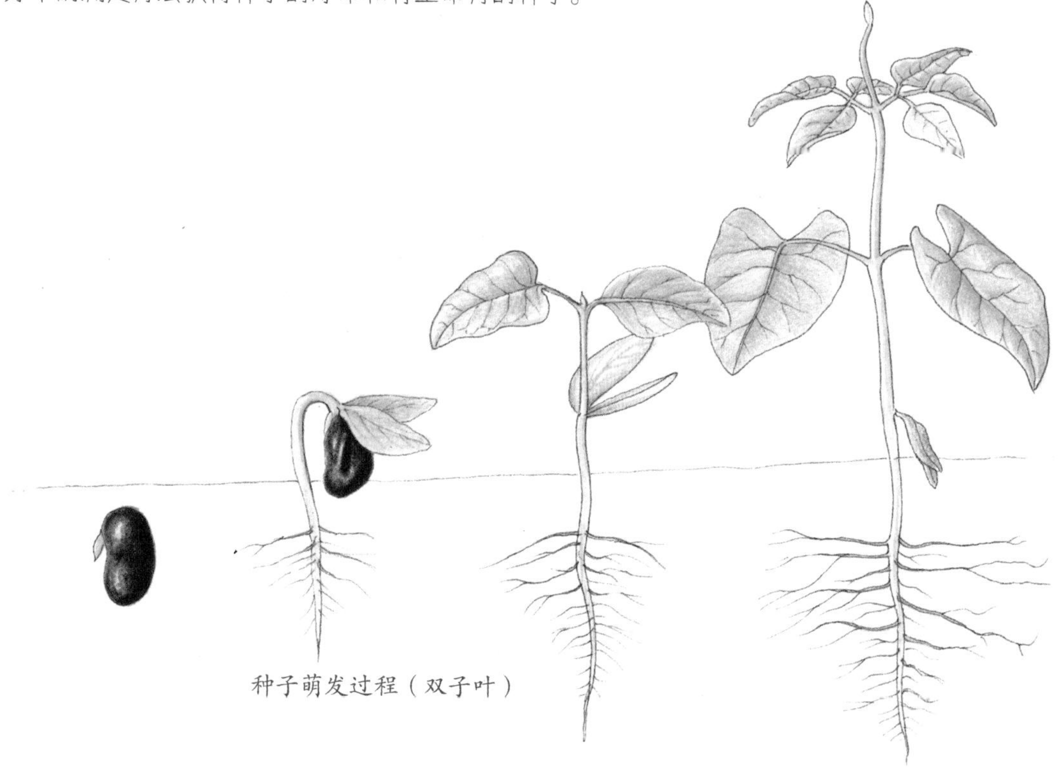

种子萌发过程（双子叶）

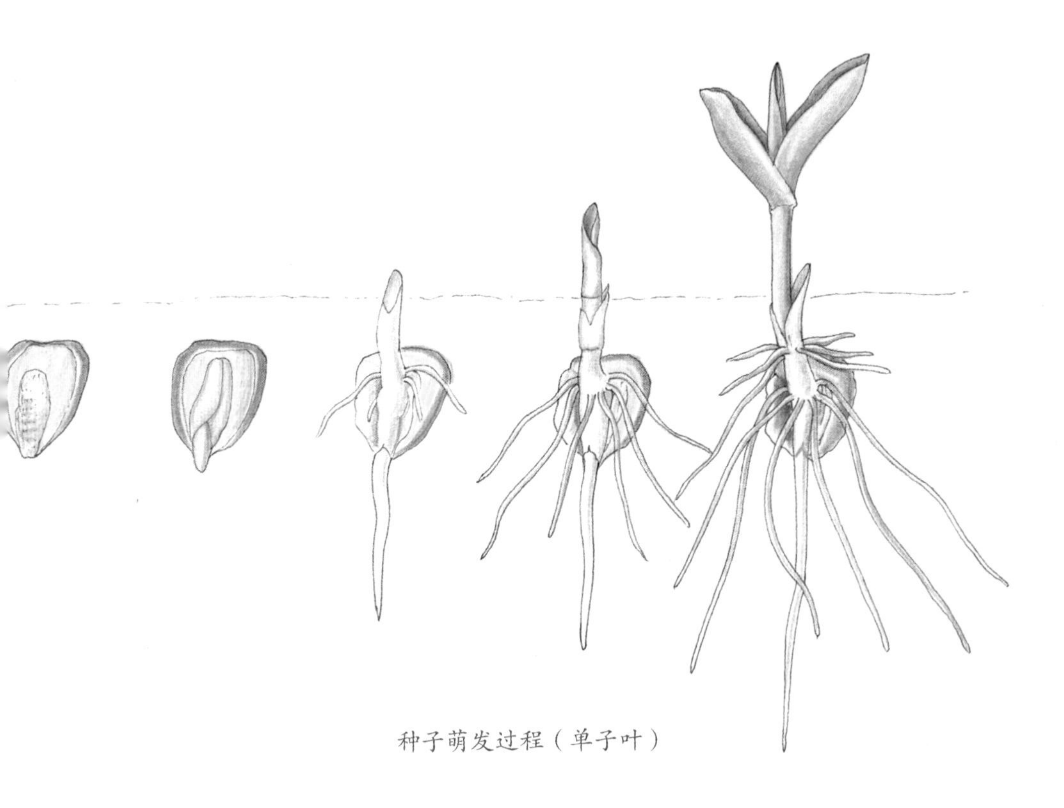

种子萌发过程（单子叶）

种子是拥有生命力的个体，其寿命的长短，受储藏条件的影响较大。一般在适当干燥和低温的条件下，可以保持并延长种子的寿命；在温度和湿度高的条件下的种子寿命较短。但过度干燥也会降低种子的生命力。

有的植物种子在自然条件下发育成熟之后，遇到适宜的条件也不能萌发，在经过一段时间或者在相应的季节才能萌发，这种特性称为种子的休眠。尤其在我国北方地区，种子的休眠尤为明显，已经是种子的一种有利的适应特征。大部分种子在秋季成熟之后，为了躲避冬季的寒冷，不会立即萌芽生长，而是以休眠的状态藏于土壤或草丛之中。种子在休眠期的新陈代谢较弱，靠土壤和坚硬的种皮保护度过休眠期，到了第二年天气变暖之后，经过水分浸泡和微生物的分解作用之后，遇到合适的条件就开始萌芽生长。

幼苗的形成和类型

种子从萌发到发育成幼苗的过程比较复杂，干燥的种皮在合适的温度情况下，种皮会吸收大量水分到膨胀的状态，坚硬的种皮逐渐软化，酶的活性增加之后，种子的呼吸作用就会加强，此时的子叶或者胚乳的营养物质就会分解，送往胚的部位，胚细胞在吸收营养之后，开始分裂生长，胚根和胚芽顶破种皮钻出地面，胚根会继续向下生长形成主根和根系，胚芽继续向上生长形成枝干和茎叶等系统。

借助风力传播

有些植物的果实和种子外形小而轻，一般会生长有翅和毛等有利于风力传播的特殊结构。这些翅和毛等结构是由果皮、种皮、花萼、花柱等结构变态与特化而成。如槭、榆等植物的翅果，白头翁果实的宿存羽毛状花柱，蒲公英果实上的降落伞状冠毛，都是由果皮特化而形成。杨树、柳树、木棉等种子外部的绒毛是由种皮特化而来。火焰树种子周围的圆形翅是种皮特化形成的，可借助风力飘到很远的地方。

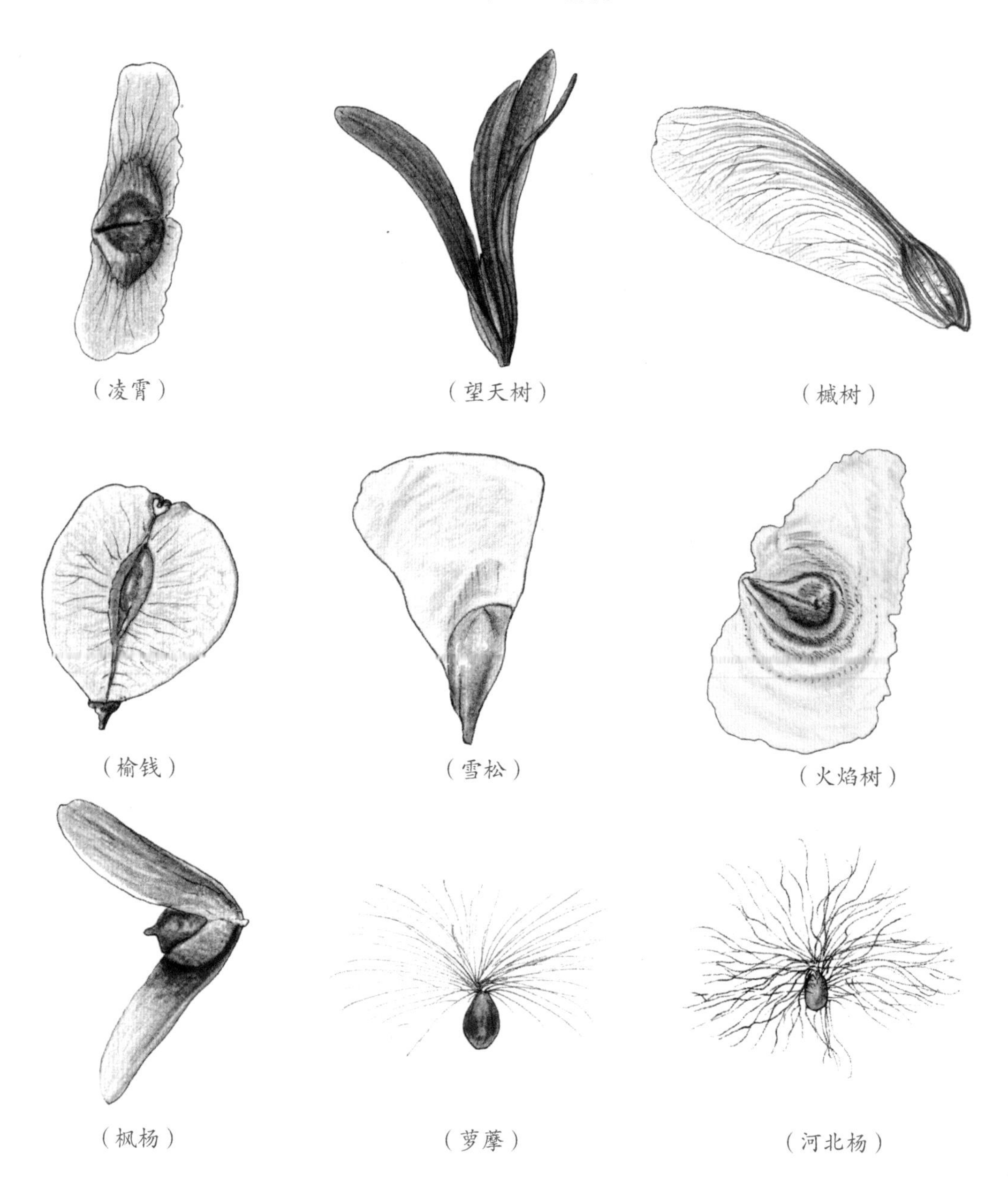

（凌霄） （望天树） （槭树）

（榆钱） （雪松） （火焰树）

（枫杨） （萝藦） （河北杨）

04 果和种子的传播机制

植物的果和种子在成长发育过程中，有一定的传播机制。果与种子在成熟后，会利用不同的机制进行传播。如裸子植物松属的一些植物，种子的顶部会延伸成翅，借助风力进行传播，如油松雪松等。

被子植物的种子包被在子房中，其果皮部分会特化成一定的特殊结构，有助于果实的散放与种子的传播，扩大种群的生长与分布空间。常见的传播方式有借助风、水、自身、动物四种方式。

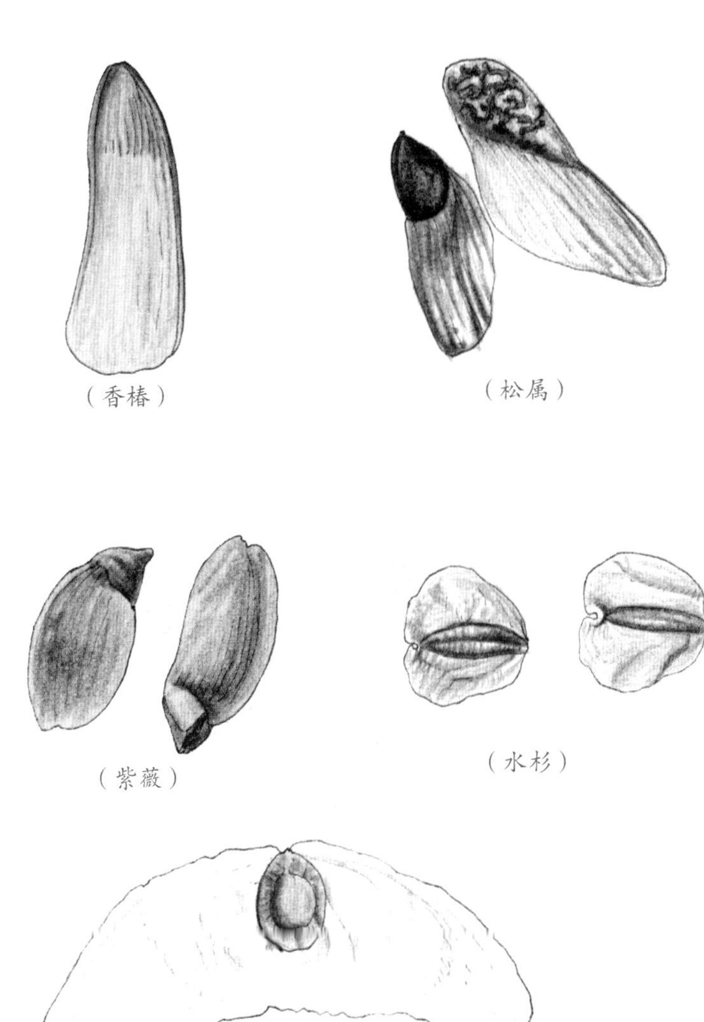

（香椿）

（松属）

（紫薇）

（水杉）

（翅葫芦）

（蒲公英）

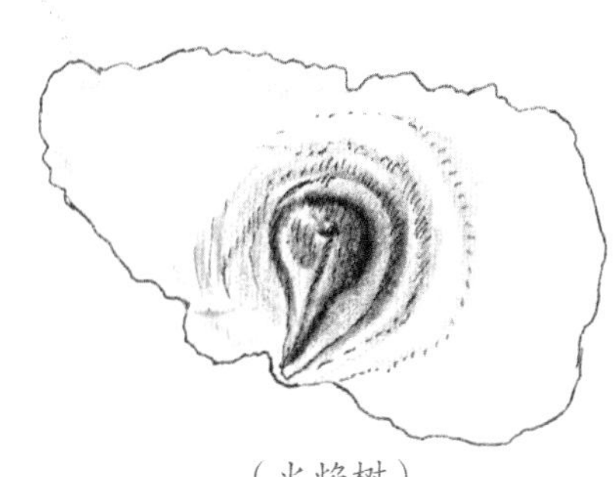

（火焰树）

借助水力传播

有些水生和沼生植物的果实和种子，在发育成熟之后，可以借助水力进行传播。如莲蓬成熟之后的莲子，外种皮较轻而致密，可以随水流传播；热带海岸椰子的果实，中果皮部位是纤维质地，疏松质轻，可以漂浮在水上，内果皮质地坚硬，可以抵御海水的浸蚀，内部的椰汁是液体的胚乳，使得椰子即使在咸水的环境中也可以萌发生长。

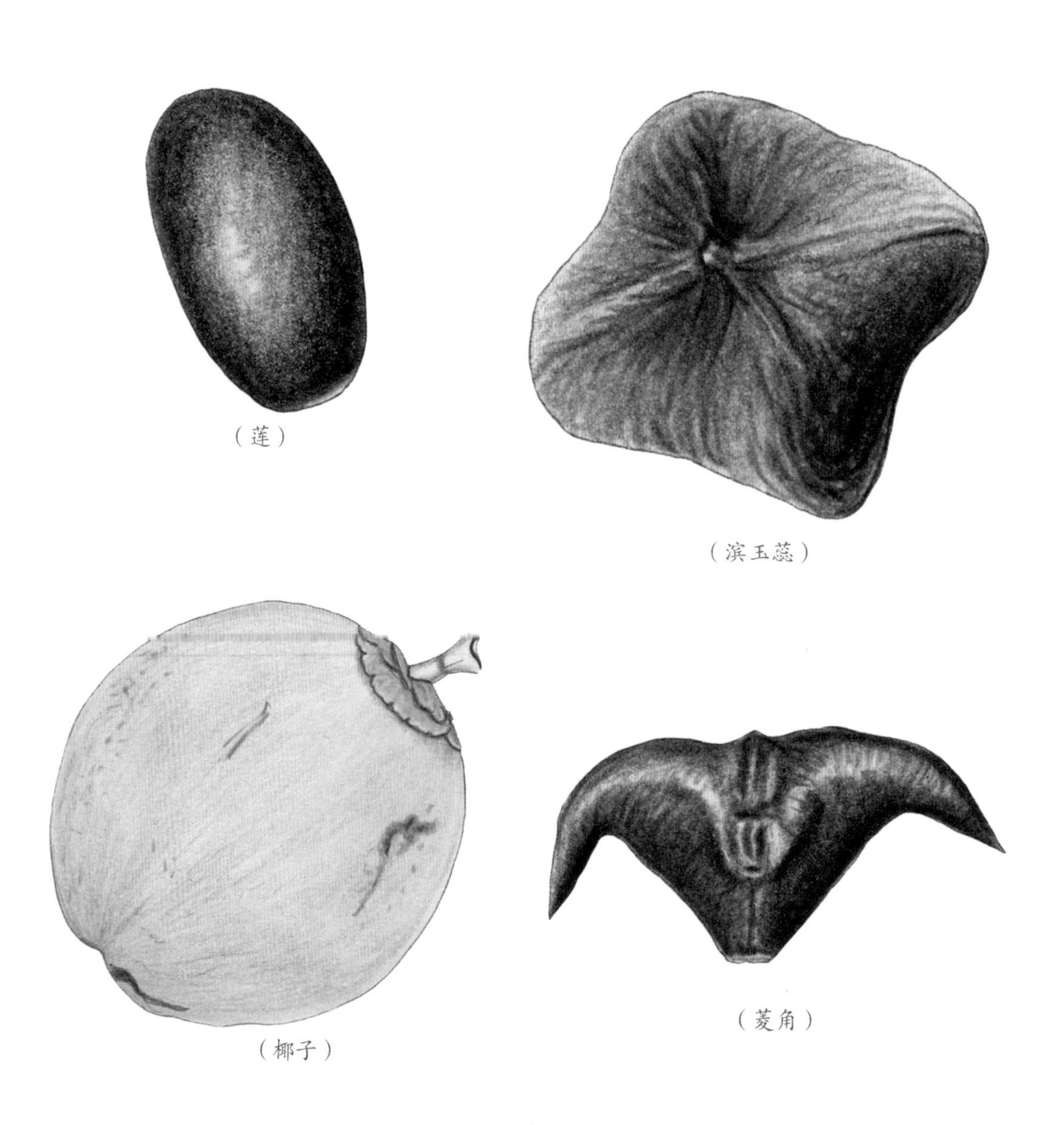

（莲）

（滨玉蕊）

（椰子）

（菱角）

主动传播

有一些荚果类的果实，在果实成熟之后，会利用果实腹缝开裂时果皮的反卷力量，把种子弹射散播出去，如大豆、凤仙花、酢浆草等。

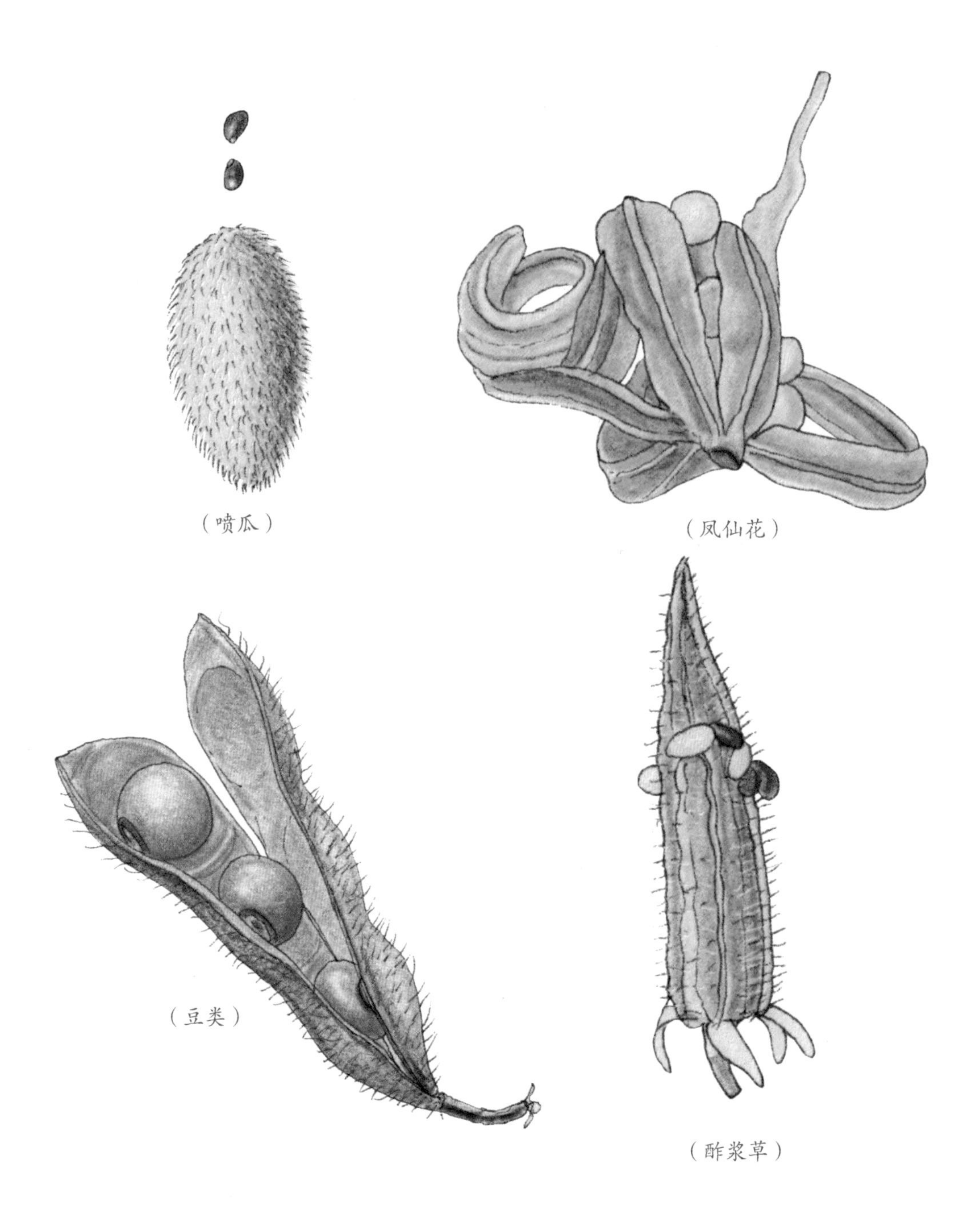

（喷瓜）

（凤仙花）

（豆类）

（酢浆草）

借助动物传播

有很多植物的果实和种子借助各种不同的动物进行传播，如借助鸟类。很多果实是鸟类的食物，果实的色彩在外观上比较鲜艳，主要以红色、黄色、黑色和蓝色为主，吸引不同的鸟来进食，之后果皮被消化。种子在坚硬种皮的保护之下，随着鸟的粪便排泄到其他地方，如毛樱桃、桑葚、龙葵等。

有一些植物的种子利用食草动物在食用之后，种子经过粪便进行传播，如以禾草类为主的草本植物。

有的植物果实表面带有刺毛和倒钩刺或者黏液，附在人的衣服或者动物的皮毛上面，把种子传播到很远的地方。如苍耳、鬼针草果实表面的刺状毛；丹参等果实分泌的黏液。

还有一些坚果类果实，利用松鼠类储藏食物的习惯，把很多果实埋藏在地下，其中一部分会被松鼠吃掉，另外被遗忘的就会留在土中萌发生长，如榛子等。

（红豆杉）

（毛樱桃）

（榛子）

（葡萄）

（鬼针草）

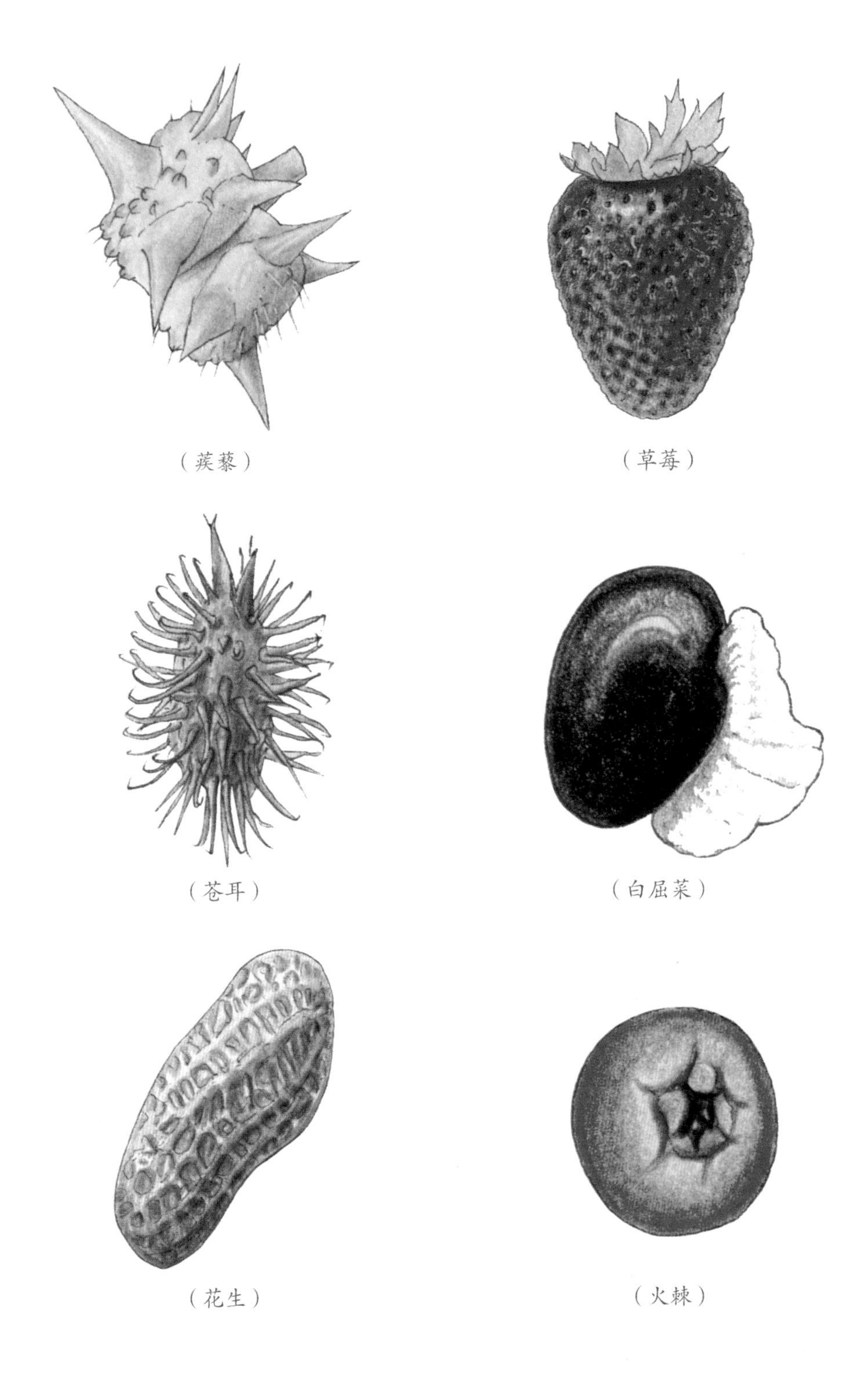

（蒺藜）

（草莓）

（苍耳）

（白屈菜）

（花生）

（火棘）

苏铁的大孢子叶球和种子

苏铁的大孢子叶球组合丛生在茎的顶部，大孢子叶上面密被有褐黄色的绒毛，成熟的种子是橘红色，珠被分化成3层种皮，外层种皮厚肉质，中层种皮是由石细胞组成的硬壳，内层种皮是薄纸质。胚有2枚子叶，埋藏在充满营养物质的雌配子体发育而来的胚乳中。苏铁的种子含淀粉和油，有微毒，可以食用和药用。种子10月成熟。

特殊的果——大孢子叶球，球果

05

球果是大部分裸子植物所具有的雌球花，主要由不发育的变态短枝、胚轴、苞鳞、种鳞和种子组合而成，整体外形呈不规则的球形，所以称为球果，不同科属所生长的位置不一样。球果胚珠外面没有子房包被，在成熟之后，苞鳞和种鳞会裂开，里面的种子就会裸露在外面，故名裸子植物。在功能方面，裸子植物的球果和被子植物的果实是一样的，都是以球果和果实为"摇篮"，培养、保护种子并传播出去。

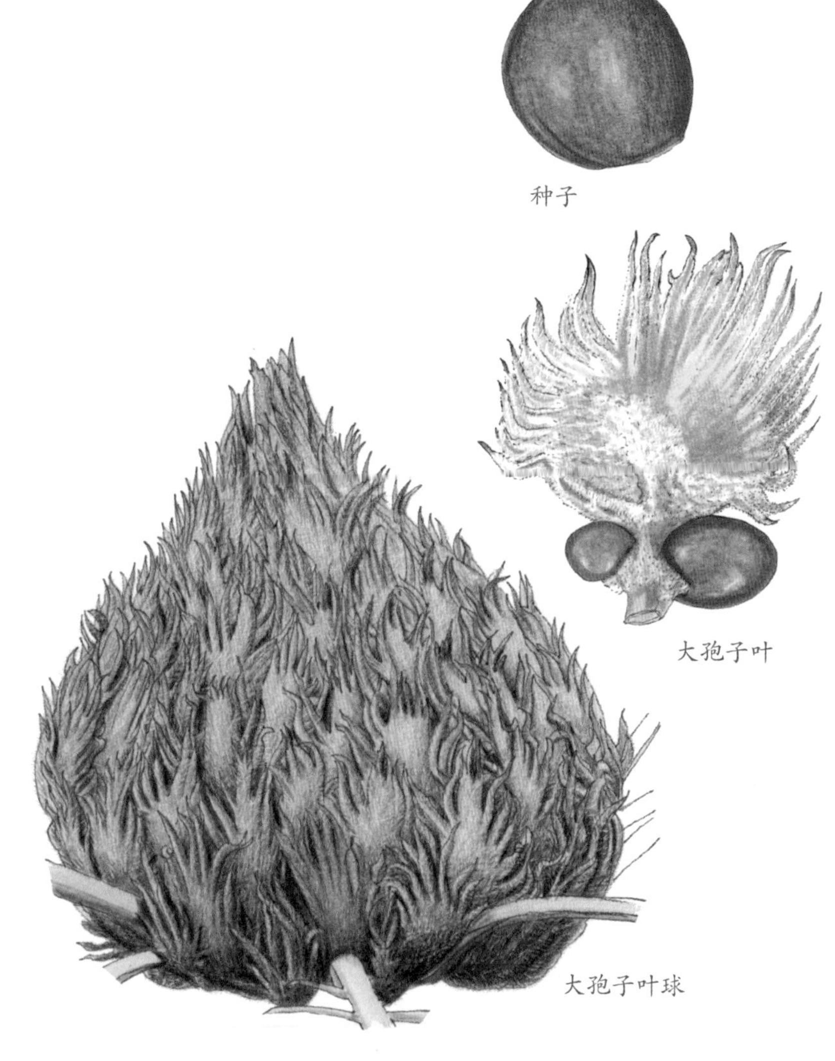

苏铁的雌球花

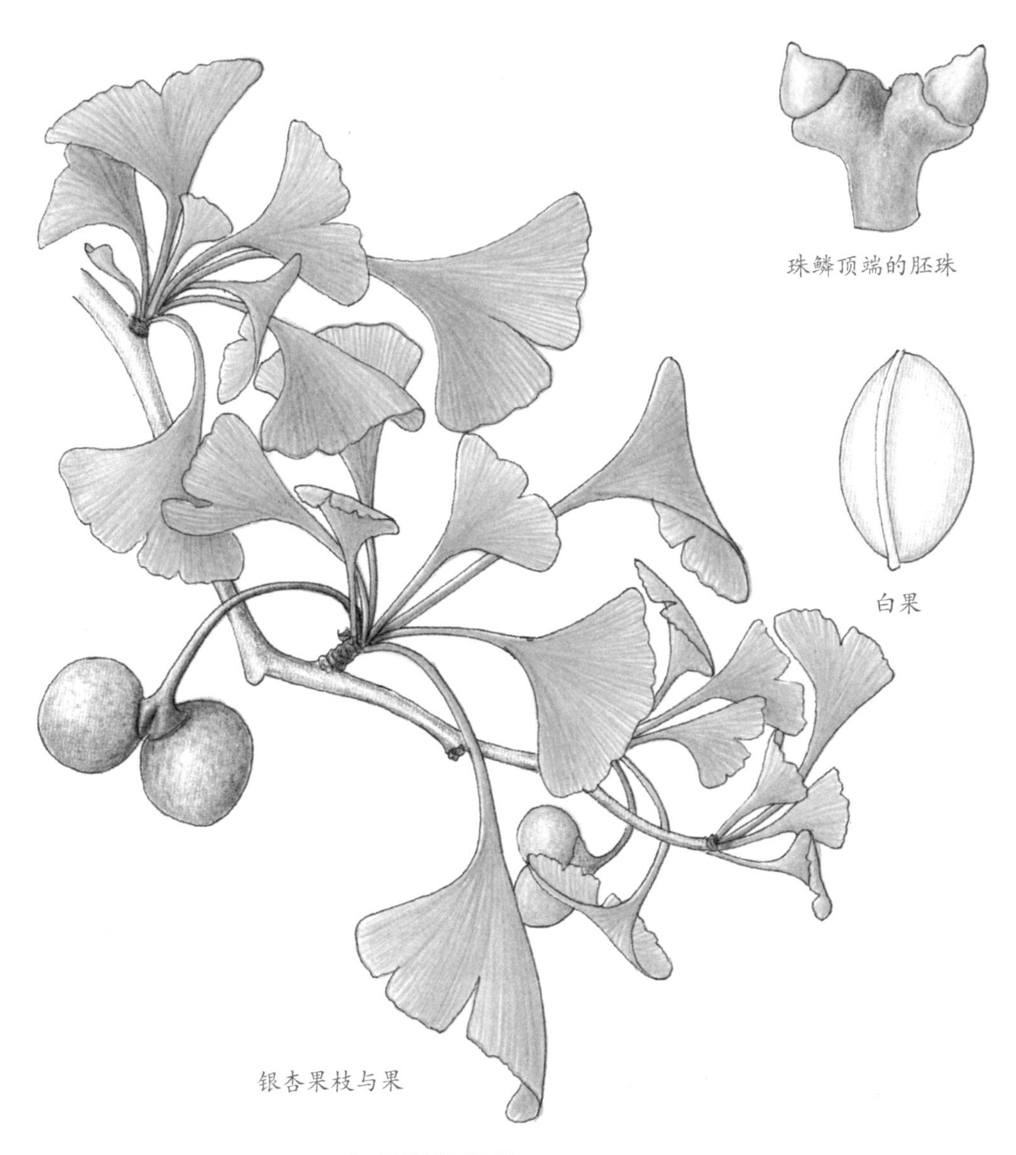

银杏的雌球花和种子

银杏的雌球花很简单，一般在仅有的1枚长柄的顶端有两个环形扩大的大孢子叶，上面各生长有1个直立生长的胚珠，经常会1个成熟，偶尔2个都成熟。绿色的种子近球形，成熟之后变成黄色，种皮分为外种皮、中种皮和内种皮三层。外种皮是厚肉质，含油脂和芳香物质；中种皮白色的骨质，有2～3个纵脊；内种皮是红色的纸质状。胚乳肉质。胚有2片子叶。银杏的种仁可以食用，但有微毒，不可多食，也可以入药。种子9～10月成熟。

松科的球果和种子

松科的球果成熟前绿色，一般在第一年或第二年成熟，种鳞宿存。如果松属球果第二年成熟，其种鳞的鳞盾有点肥厚，隆起或稍微有点隆起，扁菱形或者菱状多角形，横脊明显，鳞脐凸起有尖刺，球果成熟后张开；种子卵圆形或者长卵圆形，淡褐色并带有浅斑纹，种翅狭长。球果成熟之后，苞鳞和种鳞宿存。雪松的球果成熟前淡绿色，微有白粉，成熟后是红褐色，卵圆形或者宽椭圆形，顶端圆钝，有短梗；中部的种鳞扇状倒三角形，上部宽圆，边缘内曲，中部楔状，下部耳形，基部爪状，鳞背密生有短绒毛；苞鳞短小；种子近三角状，种翅宽大，比种子长一些。球果当年成熟之后，种鳞、苞鳞和种子会一起脱落。

华山松

油松

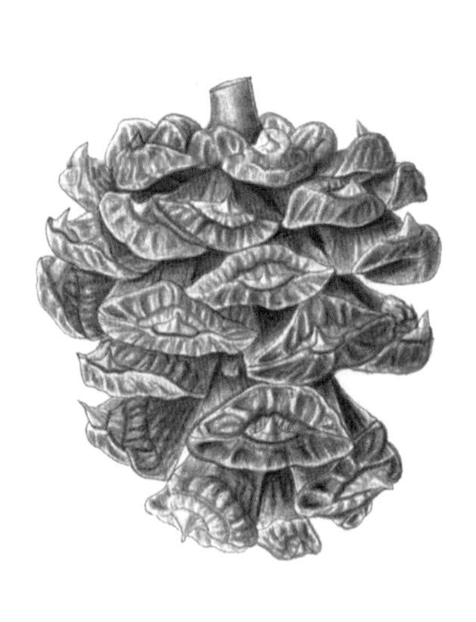

白皮松

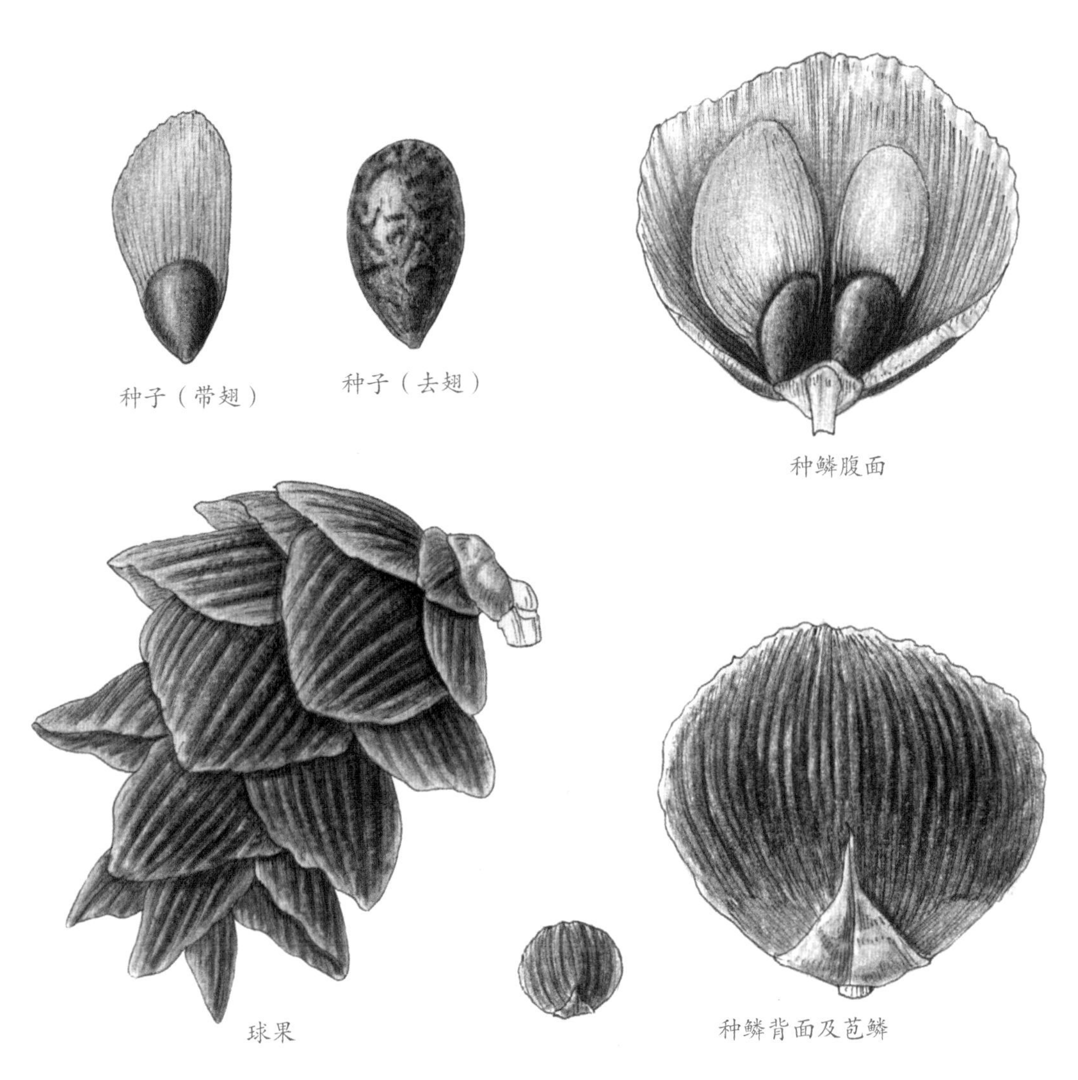

银杉的球果与种子

银杉的球果成熟前绿色，成熟之后，由栗色变成暗褐色，卵圆形、长卵圆形或者长椭圆形，种鳞近圆形或者带扁圆形至卵状圆形，背面密生有微透明的短柔毛；苞鳞比种鳞短很多；种子略扁一些，斜倒卵圆形，基部尖，橄榄绿带墨绿色，有不规则的浅色斑纹，种翅膜质，黄褐色，长椭圆形或椭圆状倒卵形。球果成熟之后，种鳞张开，宿存。球果10月成熟。

柏科

柏科的球果在成熟时，种鳞木质化或者肉质合生成浆果状。种子两侧有窄翅。如侧柏属的球果近卵圆形，当年成熟，成熟前近肉质，蓝绿色，被有白粉，成熟后种鳞木质，开裂，红褐色；中间两对种鳞倒卵形或者椭圆形，鳞背顶端的下方有一个向外弯曲的尖头。上部1对种鳞狭长，近柱状，顶端有向上的尖头，下部有1对极小的种鳞；种子卵圆形或接近椭圆形，顶端微尖，灰褐色或者紫褐色，稍有棱脊，没有翅或者有极其狭窄的翅。球果10月成熟。

圆柏的球果近球形，有白粉，成熟前绿色，成熟后褐色，内有1～4粒种子；种子扁球形，稍扁，顶端钝，有棱脊和少数的脂槽。球果10月成熟。

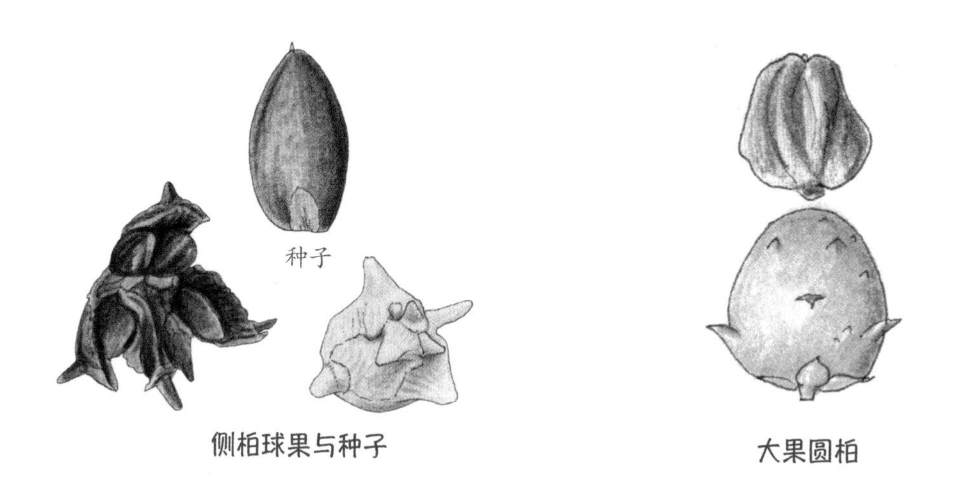

侧柏球果与种子

大果圆柏

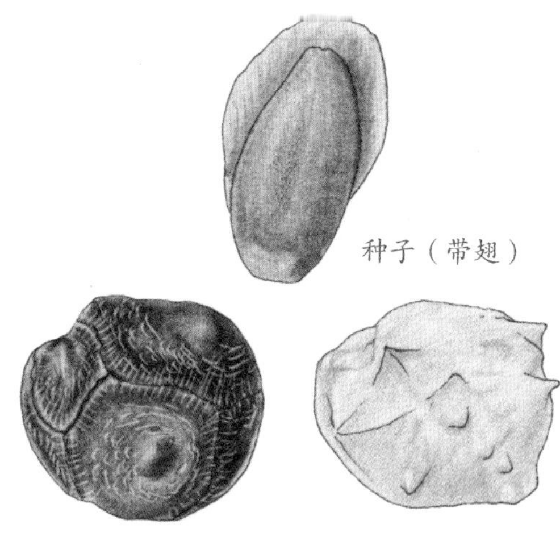

台湾扁柏球果与种子

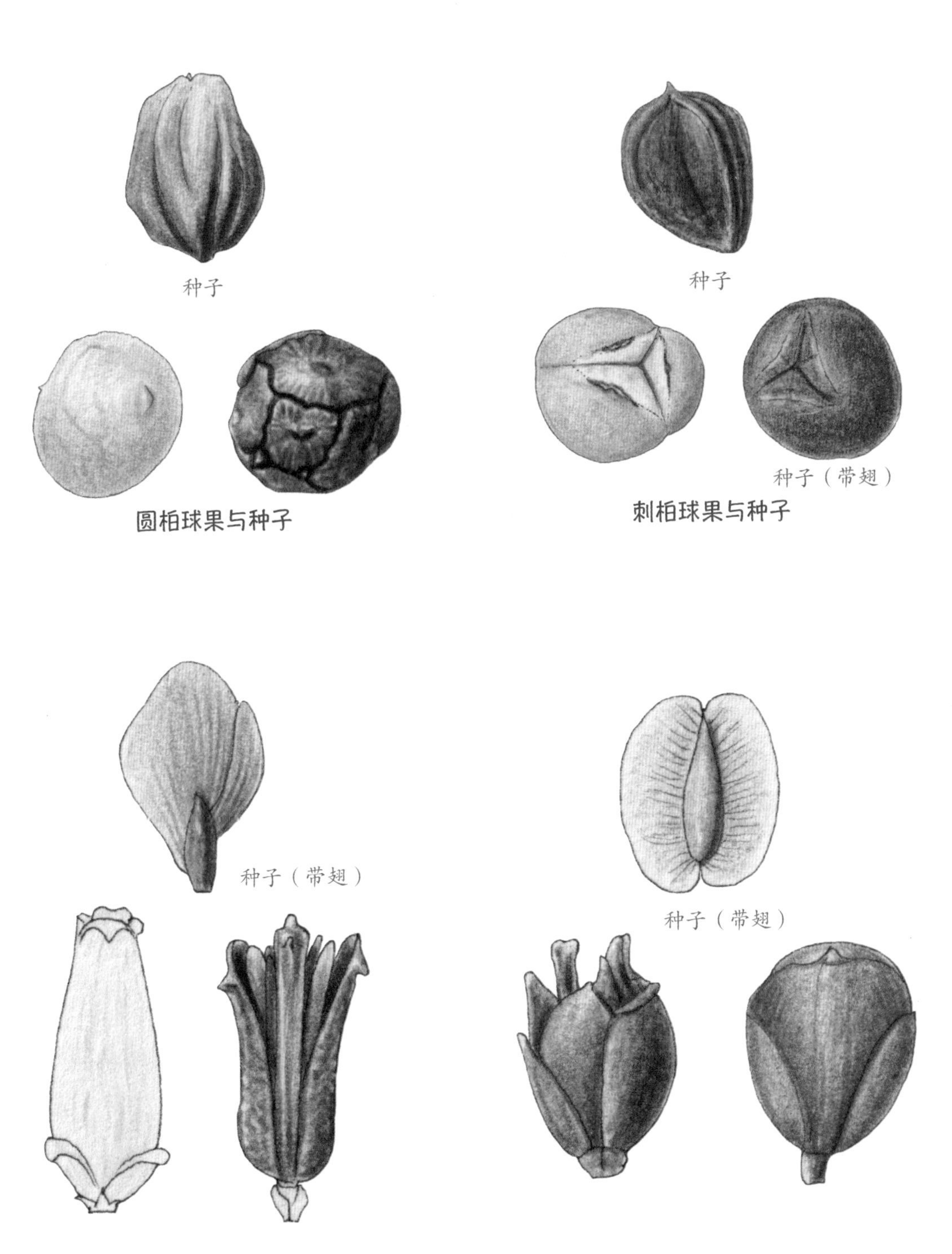

圆柏球果与种子

刺柏球果与种子

翠柏球果与种子

崖柏球果与种子

（杉木）
（水松）
（水杉）

买麻藤科

买麻藤的种子矩圆状卵圆形或者矩圆形，成熟时黄褐色或者红褐色，光滑，有时被有亮的银色鳞斑。种子8～9月成熟。

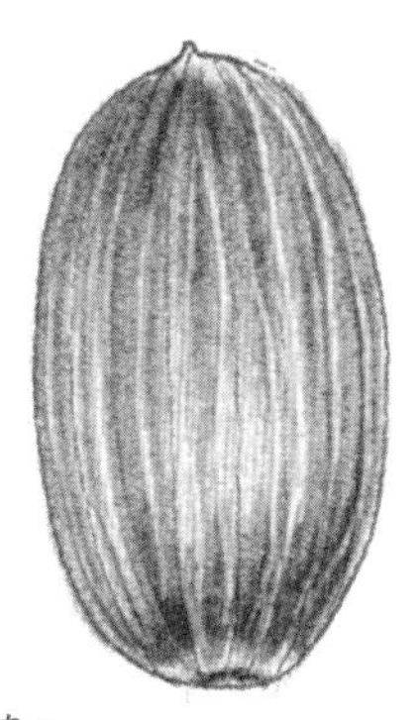

（买麻藤）

麻黄科

麻黄科种子成熟时，盖被发育成革质或者肉质的假种皮，雌球花的苞片通常变成肉质，呈红色或者橘红色，包在种子的外面，像浆果的形状，俗称“麻黄果”。种子通常2粒，黑红色或者灰褐色，三角状卵圆形或者宽卵圆形，表面有细皱纹，种脐明显的半圆形。种子8～9月成熟。

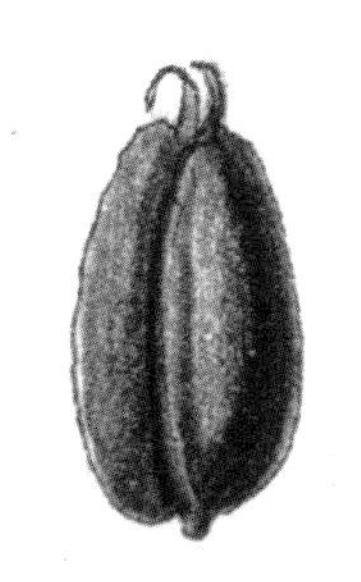

（麻黄）

孙英宝

中国第四代植物科学绘画师；自然与生命教育研究创新者；科普美育自然教育内容体系创立者； 浙江大学特聘客座讲师；青海省自然保护地自然教育专家委员会委员。从事植物形态学与科学绘画研究工作27年，在核心与专业期刊发表文章15篇；参加和主编著作30部。

图书在版编目（CIP）数据

绘认植物第一课 / 孙英宝编著. -- 北京 : 中国林业出版社, 2023.5

ISBN 978-7-5219-2192-2

Ⅰ. ①绘… Ⅱ. ①孙… Ⅲ. ①植物—图集 Ⅳ. ①Q94-64

中国国家版本馆CIP数据核字(2023)第075415号

出版人：成吉
总策划：王佳会
策划编辑：印芳
责任编辑：印芳
装帧设计：刘临川

出版发行：中国林业出版社
（100009，北京市西城区刘海胡同7号，电话83143565）
电子邮箱：cfphzbs@163.com
网址：www.forestry.gov.cn/lycb.html
印刷：鸿博昊天科技有限公司
版次：2023年7月第1版
印次：2023年7月第1次
开本：710mm×1000mm 1/16
印张：10.5
字数：180千字
定价：89.00元